清洁能源发电企业
安全性评价与生产管理评价细则

风力发电篇

北京京能清洁能源电力股份有限公司　编著

中国电力出版社
CHINA ELECTRIC POWER PRESS

内 容 提 要

本书依据国家、行业的现行标准、反事故措施，结合风力发电领域安全生产管理的实践经验，对风力发电企业设备管理、生产管理和安全管理各项技术和管理要求进行分类汇编，明确了相关专业安全生产管理的各项要求。

本书可作为专业人员对风力发电企业开展安全生产评价的查评依据，也可作为风力发电企业一线生产人员开展具体工作的指导文件。

图书在版编目（CIP）数据

清洁能源发电企业安全性评价与生产管理评价细则. 风力发电篇 / 北京京能清洁能源电力股份有限公司编著. —北京：中国电力出版社，2020.8
ISBN 978-7-5198-4730-2

Ⅰ. ①清…　Ⅱ. ①北…　Ⅲ. ①风力发电–发电厂–安全评价–细则–中国②风力发电–发电厂–生产管理–细则–中国　Ⅳ. ①TM62–81

中国版本图书馆 CIP 数据核字（2020）第 101426 号

出版发行：中国电力出版社
地　　址：北京市东城区北京站西街 19 号
邮政编码：100005
网　　址：http://www.cepp.sgcc.com.cn
责任编辑：刘汝青（010-63412382）　柳　璐
责任校对：黄　蓓　常燕昆
装帧设计：赵姗姗
责任印制：吴　迪

印　　刷：三河市百盛印装有限公司
版　　次：2020 年 8 月第一版
印　　次：2020 年 8 月北京第一次印刷
开　　本：880 毫米×1230 毫米　横 16 开本
印　　张：11.75
字　　数：388 千字
印　　数：0001—2000 册
定　　价：60.00 元

《清洁能源发电企业安全性评价与生产管理评价细则　风力发电篇》

编 写 委 员 会

主　　　　任　　张凤阳

副　主　任　　曹满胜

编　　　　委　　唐任宗　张章奎

编 写 组 长　　唐任宗

编 写 副 组 长　张章奎　刘　磊　陈森森　王文敬　张　添

编 写 成 员　　张振兴　靳江波　安　克　张德新　陆雪峰　张伟东　何冬林　潘　伟　高爱国　付宏伟

　　　　　　　刘　苗　程文旭　赵淑敏　吴宇辉　张　洁　史　扬　赵　焱　韩福坤　李和平　徐小天

　　　　　　　刘京波　崔　阳

外审专家组成员名单

顾　　　　问　黄幼茹

组　　　　长　佟义英

副　组　　长　王金萍

审　　　　委　陈冀平　蔡文河　王劲松　孟玉婵　张仁伟　曾　芳　张　维　秦　来　华志刚　李晓斐

　　　　　　　孟庆庆　尹华群　党海勤　刘建伟　姚红宾　宋召杰

校　　　　核　张　添　卫述蓉　王玉国　王圣萱　冯金成

内审专家组成员名单

风 力 发 电	安 克（组长）	张 健	胡 标	路旭伟	王琦龙	王 冰
电 气 一 次	刘 磊（组长）	张 毅	王少勇	张晓巍		
电 气 二 次	张德新（组长）	张树权	段宏全	王昊成		
信 息 专 业	张伟东（组长）	刘 欣	霍晓晨	孙耀平		
生 产 管 理	张 添（组长）	刘 磊	陈森森	安 克	张德新	张伟东
劳动安全与作业环境	王文敬（组长）	张振兴	陆雪峰	何冬林	潘 伟 范 科	宫力彬
消 防 安 全 管 理	王文敬（组长）	张振兴	陆雪峰	何冬林	潘 伟 范 科	宫力彬
安 全 管 理	王文敬（组长）	张振兴	陆雪峰	何冬林	潘 伟 范 科	宫力彬

前　言

　　近年来，随着国家能源结构的调整，燃气发电、风力发电和光伏发电等清洁能源发电得到了大力发展，截至 2019 年底，我国清洁能源发电装机占比已达 45.3%。大力发展清洁能源发电，是我国进行环保治理的重要手段，也是实现"绿水青山"的必然选择。

　　北京京能清洁能源电力股份有限公司（简称京能清洁能源公司）是北京能源集团有限责任公司（简称京能集团）控股的上市企业，长期致力于清洁能源发电领域的建设和运营，总装机容量超过 1000 万 kW。

　　京能清洁能源公司在燃气发电领域，拥有西门子、GE、三菱和安萨尔多四家主流供应商的燃气轮机，建成投产运营华北地区第一台 F 级燃气机组，燃气发电装机容量超过 500 万 kW；在风力发电领域，有着十五年以上的运营经验，拥有 GE、Vestas、金风、远景、明阳、上海电气等众多主机厂商的风力发电设备，风力发电装机容量超过 245 万 kW；在光伏发电领域，厚积薄发，近五年来取得了飞跃式发展，光伏发电装机容量超过 225 万 kW。通过十五年以来的安全生产和运营管理实践，积累了大量管理经验，也形成了一套完整的安全管理和生产管理评价体系。

　　为规范京能清洁能源公司燃气发电、风力发电和光伏发电企业的安全生产评价体系，指导相关发电企业专业技术人员现场工作，依据国家、行业有关法律法规和导则、规程规定、反事故技术措施等，结合京能清洁能源公司在安全管理和生产管理中的具体要求，对燃气发电、风力发电和光伏发电企业的安全管理和生产管理各个环节进行了全面细致的梳理。

　　本套丛书可以作为对燃气发电、风力发电和光伏发电企业开展安全管理和生产管理评价的依据，也能作为指导现场专业技术人员的规范性文件，对提高相关发电企业安全生产管理水平有着积极的推动作用。

　　在本套丛书的审定过程中，得到了华北电力科学研究院有限责任公司专家的大量帮助和具体指导，在此表示感谢！另外，为使本套丛书的编制更加科学、准确，还广泛听取了京能集团内部和外部专家的意见，在此一并表示感谢！

　　由于时间仓促，并限于作者水平，书中难免存在疏漏与不足之处，敬请各位读者给予批评指正。

编写委员会

2020 年 7 月

目 录

1　总则

1.1　总体要求

1.1.1　为了规范北京京能清洁能源电力股份有限公司（简称京能清洁能源公司）所属风力发电企业安全性评价与生产管理工作，确保各风力发电场（简称风电场）安全、稳定运行，依据国家、行业的有关法律法规和导则、规程规定、反事故措施（简称反措）等，结合京能清洁能源公司安全生产实际情况，制定《清洁能源发电企业安全性评价与生产管理评价细则　风力发电篇》（简称细则）。本细则涵盖了北京能源集团有限责任公司（简称京能集团）安全管理体系的检查和评价标准、反措管理，以及京能清洁能源公司生产管理、技术监督管理有关要求，本细则适用于京能清洁能源公司所属各风力发电企业。

1.1.2　安全性评价和生产管理工作坚持以人为本，推进依法治安，以落实安全职责、明确生产管理职责、夯实基础管理、深化风险管控为重点，以防范安全事故、减少不安全事件、提升安全管理成效和生产管理绩效为目标。

1.1.3　本细则内容包括生产设备系统（风力发电设备及系统、电气一次设备、电气二次设备及其他、信息网络安全）、生产管理、劳动安全与作业环境、消防安全管理、安全管理。生产管理内容包括设备管理、运行管理、检修管理、技术监督管理、技术改造管理、文明生产和科技管理七个方面，从日常维护管理、技术管理、运行管理和检修管理四个管理维度进行分类，目的是规范和落实生产管理责任。

1.1.4　安全性评价和生产管理实行闭环动态管理，应结合生产管理实际和安全性评价内容，按照"评价、分析、评估、整改"的过程循环推进，即按照本细则开展自评价或专家评价，对过程中发现的问题进行原因分析，根据危害程度对存在的问题进行评估和分类，建立安全性评价和生产管理动态问题库，按照评估结论对存在问题制定并落实整改措施，建立风险分析管控长效机制。

1.1.5　本细则查评依据为国家、行业现行标准、反措以及京能集团和京能清洁能源公司安全管理和生产管理文件要求，当有关标准、反措、文件要求更新后，应按照新要求执行。

1.2　评价方法

1.2.1　评价工作采用自评价和专家评价相结合的方式进行。各单位应建立安全性评价常态化机制，结合日常安全生产工作、机组设备运行及检修，开展自评价工作，及时发现不符合本细则的安全管理问题和设备隐患。京能清洁能源公司结合安全生产工作需要按照评价周期组织专家评价。

1.2.2　查评方法是由本细则中评价项目的性质和内容决定的，要综合运用多种方法，如现场检查、查阅和分析资料、现场考问、实物检查或抽样检查、仪表指示观测和分析、调查和询问、现场试验或测试等，对评价项目做出全面、准确的评价。

1.2.3　各区域分公司作为本细则查评的主体单位，所属风电场作为区域分公司的一部分接受年度抽查，京能清洁能源公司安全生产部每年随机确定所属区域分公司的三个场站（风电场）接受年度查评，各场站查评结果按照评分方法计入区域分公司查评结果。

1.3　评分方法

1.3.1　为了量化问题的严重程度，本细则对每一查评项目设定了标准分，并确定了相应的评分办法，在评价工作中应掌握评分标准，力求公平准确。

1.3.2　由于各风电场设备系统差异原因造成部分项目不能查评的，扣减相应项目（连同该项目的标准分），用相对得分率（安全基础指数）来衡量系统的安全性（危险性），相对得分率＝（实得分/应得分）×100%。

1.3.3 根据评价项目的不同，本细则设定的评分标准主要有以下几种类型：

1.3.3.1 根据规定的、概念明确的评分标准直接扣分。

1.3.3.2 按不合格设备台数、考核指标合格率程度、抽检不合格率扣分。

1.3.3.3 按定性分类评分，根据查评问题的严重程度扣分，一般分为一般、较严重和严重三档。

1.3.4 按不合格设备台数或考核指标不合格率扣分时，当扣分累计超过查评项目本项标准分时，以扣完本项标准分为止。

1.3.5 各风电场作为所属区域分公司的一部分接受年度抽查，查评结果汇总计入区域分公司查评结果，具体评分方法如下：

1.3.5.1 生产设备系统的查评条款，该区域分公司一个场站不符合要求，扣该项分数的30%；两个场站不符合要求，扣该项分数的60%；三个场站全部不符合要求，该项不得分。

1.3.5.2 管理类（生产管理、劳动安全与作业环境、消防安全管理、安全管理）查评条款，本细则已对条款使用范围进行了规定，根据适用范围对该条款进行检查，按实际查评结果扣分。

2　生产设备系统

2.1　风力发电设备及系统

序号	评价项目	标准分	查评方法及内容	评分标准	查评依据
2.1	**风力发电设备及系统**	**1830**			
2.1.1	叶轮及轮毂	50	（1）检查定检报告记录，询问或现场检查是否定期检查维护风力发电机组（简称风电机组）叶轮及轮毂，是否根据力矩表抽样紧固叶片、轮毂10%～20%的螺栓。 （2）现场检查叶片的表面、根部和边缘有无损坏，装配区域有无裂缝。 （3）现场检查轮毂表面有无腐蚀。 （4）现场检查叶片接地系统是否正常。 （5）现场检查叶片角度有无异常情况	（1）10%以上机组未按要求定期检查维护叶轮及轮毂，未按要求抽样紧固叶片、轮毂螺栓，不得分；10%及以下，扣25分。 （2）叶片、导流罩有损坏，轮毂表面有腐蚀、损坏现象，未列入检修计划，扣25分；列入检修计划，扣10分。 （3）叶片毛刷密封不良，扣10分。 （4）叶片的防雷线有松动和断裂现象，扣25分。 （5）叶轮锁定装置工作不正常，扣10分	（1）DL/T 666—2012《风力发电场运行规程》第B.5条； （2）DL/T 797—2012《风力发电场检修规程》第A.3～A.5条
2.1.2	变桨系统	100	根据机组变桨类型选择电动变桨或液压变桨查评项目，如风电场风电机组变桨类型同时包括电动和液压变桨的平均计算得分		
2.1.2.1	电动变桨	50	（1）检查定检报告记录，询问或现场检查是否定期检查维护变桨系统并加注油脂。 （2）现场检查电动变桨系统固定情况，各项设备之间是否有干涉现象。 （3）现场检查电动变桨系统是否外观良好、性能可靠、无频发性缺陷。	（1）10%以上机组未定期检查维护变桨系统，不得分；10%及以下，扣25分。 （2）未定期按照变桨减速机厂家规定要求更换润滑油，未定期加注变桨轴承油脂，未定期检查变桨电池内阻或超级电容电压，未检测后备电源收桨回路，未定期检查变桨减速机、变桨电机固定情况，每缺失一项扣10分。 （3）变桨系统部件外观存在破损、裂缝、腐蚀及变形情况，扣10分。 （4）变桨轴承密封不良，扣10分。 （5）变桨减速机有渗油现象，扣5分。	（1）GB/T 25385—2019《风力发电机组　运行及维护要求》表C.1、表C.2； （2）DL/T 796—2012《风力发电场安全规程》第7.3条；

序号	评价项目	标准分	查评方法及内容	评分标准	查评依据
2.1.2.1	电动变桨	50	（4）现场检查变桨轴承是否密封良好。 （5）现场检查变桨柜体散热风扇、变桨电机风扇功能是否良好。 （6）现场检查变桨系统是否有异响	（6）变桨柜体散热风扇不正常，有松动、滤网堵塞现象，扣5分。 （7）从 0°～90°执行手动变桨，变桨系统有异响，扣10分。 （8）限位开关电缆固定不牢固，限位开关固定不牢固，动作不正常，扣5分。 （9）旋转编码器未紧固，齿轮有磨损、松动现象，扣10分。 （10）变桨电机风扇不正常，风扇与变桨电机后盖有干涉，扣10分	（3）DL/T 797—2012《风力发电场检修规程》第 A.4 条
2.1.2.2	液压变桨	50	（1）查阅定检报告记录，询问或现场检查是否定期检查维护液压变桨系统，是否更换液压油、过滤器并清理油污。 （2）现场检查控制阀、旋转接头、油管、液压缸等设备或器件有无缺陷。 （3）现场检查液压油、氮气等有无泄漏现象	（1）10%以上机组未定期检查维护变桨系统，未定期更换液压油、过滤器，清理油污，不得分；10%及以下，扣25分。 （2）旋转接头、油管有缺陷未及时处理，扣15分。 （3）未定期清理变桨系统，变桨系统外部油污严重，扣25分。 （4）液压缸有缺陷未及时处理，扣10分。 （5）液压油有泄漏现象，扣10分。 （6）液压油加热或冷却装置有缺陷未及时处理，扣5分。 （7）蓄能器内氮气发生泄漏，压力达不到正常工作要求，扣5分。 （8）未定期进行手动变桨测试，变桨机构有异响，扣10分	DL/T 666—2012《风力发电场运行规程》第 B.5 条 i、k 款
2.1.3	液压系统	50	（1）查阅定检报告记录，询问或现场检查是否定期检查维护液压变桨系统，是否按照厂家要求定期更换液压油、过滤器并清理油污。 （2）现场检查液压油位、控制阀、旋转接头、油管、液压缸等设备或器件是否存在缺陷。	（1）10%以上机组未定期检查液压系统，未定期检测液压油，检测不合格且未更换液压油，不得分；10%及以下，扣25分。 （2）10%以上机组未定期检查液压油位，不得分；10%及以下，扣25分。 （3）旋转接头、油管有缺陷未及时处理，扣5分。 （4）液压缸有缺陷未及时处理，扣10分。 （5）液压油有泄漏现象，扣5分。 （6）液压油加热或冷却装置有缺陷未及时处理，扣5分。 （7）蓄能器内氮气发生泄漏，压力达不到正常工作要求，扣5分。	（1）DL/T 797—2012《风力发电场检修规程》；

序号	评价项目	标准分	查评方法及内容	评分标准	查评依据
2.1.3	液压系统	50	（3）现场检查液压油、氮气等是否存在泄漏现象	（8）未按厂家规定要求对液压系统进行压力测试及对蓄能器补充氮气或更换气囊，扣10分。 （9）未定期清理变桨系统，变桨系统外部油污严重，扣5分。 （10）未定期将液压油取样化验并根据劣化趋势采取措施，扣5分。 （11）未定期检查液压泵体及电机运行情况并留有记录，扣5分	（2）JB/T 10427—2004《风力发电机组一般液压系统》
2.1.4	机舱	100	（1）查阅定检报告记录，询问或现场检查是否定期对机舱罩体、提升机等进行检查维护。 （2）现场检查机舱内螺栓是否紧固。 （3）现场检查调温设备、照明设备是否良好，各项设施工作是否正常、有无腐蚀和损伤现象。 （4）现场检查机舱内是否有相应的防火措施，是否存放易燃物品	（1）未定期对机舱罩体进行检查，扣10分。 （2）未定期检查提升机的状态、链条、链盒和提升机的固定支撑，扣10分。 （3）机舱通往塔筒穿越平台、柜、盘等处电缆孔洞和盘面缝隙未采用有效的防火封堵措施，扣20分。 （4）机舱保温材料未达到阻燃要求，扣10分。 （5）机舱有漏雨、破损现象，扣15分。 （6）机舱内存放易燃物品，扣30分。 （7）机舱内平台踏板有裂纹、损伤现象，扣10分。 （8）电缆接头有变色及破损现象，扣5分。 （9）机舱螺栓紧固不牢、机舱加热器和照明装置不正常，扣15分	（1）DL/T 666—2012《风力发电场运行规程》第B.2、B.13条； （2）DL/T 796—2012《风力发电场安全规程》第5.2.5、5.2.6、5.3.13条； （3）DL/T 797—2012《风力发电场检修规程》第A.17条
2.1.5	主轴、轴承及轴承座	25	（1）查阅定检报告记录，询问或现场检查是否定期检查维护主轴、轴承及轴承座部件，是否按力矩表标称值紧固20%的相关螺栓，是否做好轴承润滑及螺栓防腐工作。 （2）现场检查主轴是否有异响，轴封是否有泄漏，刹车等各项功能是否正常。 （3）现场检查转轴（前端和后盖）罩盖是否完好，是否有破损	（1）未定期按力矩表紧固主轴螺栓、轴套与机座螺栓，不得分。 （2）未按要求对润滑系统进行注油，不得分。 （3）轴封有泄漏，轴承两端轴封润滑情况不满足润滑条件，未制定措施，扣15分；列入检修计划并制定措施，扣5分。 （4）主轴、轴承及轴承座部件有破损、磨损、腐蚀等现象，螺栓有松动、裂纹等，扣15分。 （5）转轴（前端和后盖）罩盖有破损，扣5分。 （6）主轴润滑系统有异常，扣10分。 （7）注油罐油位不正常，扣5分。 （8）主轴刹车功能不正常，扣15分。 （9）主轴有异响，未制定措施，扣10分；列入检修计划并制定措施，扣3分	DL/T 797—2012《风力发电场检修规程》第A.6条

序号	评价项目	标准分	查评方法及内容	评分标准	查评依据
2.1.6	齿轮箱	100	直驱风电机组不涉及此部分		
2.1.6.1	齿轮箱本体	50	（1）查阅定检报告记录，询问或现场检查是否定期检查齿轮箱防腐措施，必要时是否对齿轮轴承及齿面磨损情况进行检查。 （2）查阅定检报告记录，询问或现场检查，是否按力矩标称值检查并紧固100%的齿轮箱与机座螺栓。 （3）现场检查齿轮是否有异常声音。 （4）检查箱体是否有侧漏现象	（1）齿轮箱无防腐措施，并有锈蚀现象，扣10分。 （2）经油样检测及运行温度发现异常情况时，未检查齿轮轴承及齿面磨损情况，扣10分。 （3）未按力矩表检查并紧固齿轮箱与机座螺栓，扣20分。 （4）齿轮箱运行有异响，扣15分。 （5）箱体有渗漏油现象，扣20分	（1）GB/T 25385—2019《风力发电机组　运行及维护要求》表C.1、表C.2； （2）DL/T 797—2012《风力发电场检修规程》第A.2条
2.1.6.2	齿轮箱冷却系统	50	（1）查阅定检报告记录，询问或现场检查是否定期检查齿轮箱冷却润滑系统，是否定期清理齿轮箱油冷却器、更换油泵滤芯。 （2）查阅定检报告记录，询问或现场检查，是否按规定更换经检测合格的齿轮箱油，设备补油时，是否与设备内的油牌号相同。 （3）现场检查油温、油色是否正常，油标位置是否在正常范围之内。 （4）查阅试验报告，询问或现场检查是否每年采集一次油样进行化验。 （5）现场检查是否有漏油现象	（1）未定期检查齿轮箱冷却润滑系统，扣15分。 （2）未定期清理齿轮箱油冷却器，未定期检查更换油泵滤芯，扣15分。 （3）未按规定更换齿轮箱油，扣15分；更换未经检测合格的齿轮箱油，扣10分。 （4）设备补油时，与设备内的油牌号不相同，扣15分。 （5）齿轮箱冷风扇不能正常运行，扣15分。 （6）冷却系统有漏油现象，扣15分。 （7）油位、油温、油色不正常，扣15分。 （8）未按要求采集油样进行化验，扣15分	（1）DL/T 796—2012《风力发电场安全规程》第7.3.2条； （2）DL/T 797—2012《风力发电场检修规程》第A.2条
2.1.7	发电机	100			
2.1.7.1	发电机本体	50	（1）查阅定检报告记录，询问或现场检查是否定期检查和紧固电缆接线端子。 （2）查阅定检报告记录，询问或现场检查是否定期进行轴承注油、检查油质（注油型号和用量按有关标准执行）。 （3）查阅定检报告记录，询问或现场检查是否定期检查发电机绝缘、直流电阻等有关电气参数。 （4）查阅定检报告记录，询问或现场检查是否定期对发电机轴偏差及时按有关标准进行调整。	（1）未定期对发电机绝缘、直流电阻参数测试，扣10分。 （2）未定期对碳刷进行检查、清理、更换，扣10分。 （3）每年未按力矩表100%紧固螺栓扣，10分。 （4）必要时未对发电机振动进行测试或测试结果不合格，扣10分。	（1）DL/T 796—2012《风力发电场安全规程》第8.4条；

续表

序号	评价项目	标准分	查评方法及内容	评分标准	查评依据
2.1.7.1	发电机本体	50	（5）查阅定检报告记录，询问或现场检查是否按力矩标称值检查并紧固100%的相关螺栓。 （6）现场检查电缆是否有损坏、破裂和绝缘老化等现象，消声装置是否正常，线圈和轴承温升是否超标，必要时检测发电机振动是否超标	（5）发电机线圈、轴承温升超标，未制定措施或未执行，扣5分。 （6）发电机出口电缆有破损现象，扣10分	（2）DL/T 797—2012《风力发电场检修规程》第A.1条
2.1.7.2	发电机冷却系统（空冷/水冷）	50	（1）查阅定检报告记录，询问或现场检查是否定期检查发电机冷却系统，是否每年检查并清洗一次空气过滤器。 （2）现场检查是否有漏水、缺水等情况，空气入口、通风装置和外壳冷却散热系统是否正常，是否按厂家规定及时更换水冷却系统水及冷却液	（1）未定期检查发电机冷却系统，扣10分。 （2）未定期清理发电机冷却器，扣10分。 （3）空气入口、通风装置和外壳冷却散热系统有缺陷，扣7分。 （4）发电机冷却风扇不能正常运行，扣7分。 （5）冷却系统有漏水、缺水现象，扣10分	（1）DL/T 796—2012《风力发电场安全规程》第8.4条； （2）DL/T 797—2012《风力发电场检修规程》第A.1条
2.1.8	偏航系统	100	（1）查阅定检报告记录，询问或现场检查是否定期对偏航系统进行检查维护。 （2）查阅定检报告记录，询问或现场检查是否对偏航系统转动部分进行注油（油型、油量及间隔时间按有关规定执行）。 （3）查阅定检报告记录，询问或现场检查是否按力矩表标称值检查并紧固20%的相关螺栓。 （4）现场检查偏航减速器是否有渗漏现象。 （5）现场检查是否定期检查偏航齿圈，必要时是否做均衡调整。 （6）现场检查偏航电动机工作是否正常，偏航制动系统工作是否正常	（1）10%以上机组未定期对偏航系统驱动进行检查，不得分；10%及以下，扣50分。 （2）未定期按力矩表标称值紧固抽查20%的相关螺栓，不得分。 （3）未定期对偏航系统进行注油或注油量不符合作业指导书要求，不得分。 （4）未定期进行刹车片的检查和更换，扣20分。 （5）偏航有异响，扣10分。 （6）偏航齿圈不均衡，偏航大齿圈有损坏，不得分。 （7）偏航减速器有渗漏，扣10分。 （8）偏航刹车工作不正常，扣10分。 （9）偏航电机接线盒电缆连接及接地线松动，扣10分。 （10）刹车盘有裂纹、划痕或损伤及油污，扣20分。 （11）偏航系统油位（无油位标志不参评）不正常，扣10分	（1）DL/T 666—2012《风力发电场运行规程》第B.4条； （2）DL/T 796—2012《风力发电场安全规程》第7.3.1、7.3.8条； （3）DL/T 797—2012《风力发电场检修规程》第A.11条
2.1.9	塔架	100	（1）查阅定检报告记录，询问或现场检查是否按力矩标称值检查并紧固20%安装在中法兰和底法兰的螺栓。	（1）未定期按照力矩标称值对安装在中法兰和底法兰的螺栓抽样20%进行紧固，不得分。 （2）必要时对塔架进行探伤抽检，使用寿命（一般20年）后未与厂商联系探伤，扣30分。 （3）塔身出现脱漆腐蚀、密封不良、开裂情况，扣25分。	（1）GB/T 19072—2010《风力发电机组 塔架》第5.4、7.3.2.8、9.1、10.3.4条； （2）DL/T 796—2012《风力发电场安全规程》第7.3.6、8.6条；

序号	评价项目	标准分	查评方法及内容	评分标准	查评依据
2.1.9	塔架	100	（2）现场检查电缆表面有无磨损和损坏，梯子、平台、电缆支架、防风挂钩、门、锁、灯、安全开关等是否有异常，塔门和塔壁焊接是否有裂纹，塔身是否有脱漆腐蚀，密封是否良好，安全装置是否完好。 （3）查阅定检报告记录，询问或现场检查是否定期对塔架内放置的消防设施进行维护	（4）塔架和基础的连接有腐蚀、破损、进水现象，扣15分。 （5）塔架内电缆和接地线有破损、松动现象，扣25分。 （6）电缆护圈脱落、支架松动变形，扣15分。 （7）塔筒平台有扎带头、线头、螺栓、螺帽、垫片、包装袋等杂物，扣10分。 （8）塔筒门变形、塔筒门关闭后密封圈与门框不能贴合紧密，门锁不能正常使用，扣30分。 （9）未定期对塔架内放置的消防设施进行维护，扣10分。 （10）未定期进行塔架垂直度测试，扣10分	（3）DL/T 797—2012《风力发电场检修规程》第A.12条
2.1.10	变流器	100			
2.1.10.1	变流器柜体	50	（1）查阅定检报告及巡视检查记录，询问或现场检查变流器及机柜组装有关零部件是否符合各自的技术要求，是否定期清理机柜过滤防护网。 （2）现场检查油漆电镀是否牢固、平整，无剥落、锈蚀及裂痕等现象。 （3）现场检查机柜面板是否平整，文字和符号是否清楚、整齐、规范、正确，标牌标志是否完整清晰。 （4）现场检查各种开关是否便于操作，灵活可靠	（1）柜体固定不牢靠，有油漆剥落、锈蚀及裂痕等现象，扣5分。 （2）电缆有破损、绝缘老化等现象，扣5分。 （3）未保证全部螺栓紧固，连接件有损坏、裂纹，扣5分。 （4）机柜面板、信号灯、按钮、操作把手标志不清楚、不正确，扣5分。 （5）未定期清理过滤防护网，扣15分	（1）GB/T 25387.1—2010《风力发电机组全功率变流器　第1部分：技术条件》第4.2条； （2）DL/T 797—2012《风力发电场检修规程》第A.1条
2.1.10.2	变流器冷却系统	50	（1）查阅定检报告记录，询问或现场检查是否根据厂家要求定期清洗水冷散热片、进水/出水管的滤网，是否定期更换防冻液等。 （2）现场检查散热风扇运行是否正常，柜内是否保持清洁，水冷管是否存在漏水现象	（1）10%以上机组未定期检查散热电机、风扇运行情况，不得分；10%及以下，扣10分。 （2）10%以上机组未定期检查水冷三通阀运行情况，不得分；10%及以下，扣10分。 （3）水冷管存在漏水现象，扣5分。 （4）热交换器有堵塞，扣5分。 （5）未按厂家规定要求对水冷系统进行压力测试，未对蓄能器补充冷却液或更换气囊，扣5分。 （6）未按厂家规定要求对进水/出水管的滤网进行定期清洗，未定期更换防冻液，扣5分	DL/T 797—2012《风力发电场检修规程》第A.1.3条

续表

序号	评价项目	标准分	查评方法及内容	评分标准	查评依据
2.1.11	控制与安全系统	100			
2.1.11.1	主控制柜柜体	50	（1）查阅定检报告记录及相关技术资料，询问或现场检查是否定期检查主控控制柜并确保螺栓紧固、连接件完好，是否定期清理机柜、过滤防护网，机柜组装有关零部件是否符合各自的技术要求，是否定期进行紧急停机、振动停机、超速保护等试验。 （2）现场检查与变流系统、变桨系统通信是否正常，风速和风向、风轮和发电机转速、电参数（电网电压和频率、发电机输出电流、功率和功率因数等）、温度（发电机绕组和轴承温度、齿轮箱油温、控制柜温度和外部环境温度等）、制动设备状况、电缆缠绕、机械零部件故障、电网失效等信号接收处理功能、保护功能是否正常。 （3）现场检查电缆有无破损、绝缘老化现象	（1）未定期检查螺栓紧固情况，连接件有损坏、裂纹，扣5分。 （2）电缆有破损、绝缘老化现象，扣10分。 （3）未定期清理过滤防护网，扣10分。 （4）接线布局不合理，元器件有松动现象，扣5分。 （5）控制柜操作面板按钮功能不正常，扣5分。 （6）模块式插件状态显示不正常，扣5分。 （7）控制柜面板指示灯工作不正常，扣5分。 （8）与变流系统、变桨系统通信不正常，扣10分。 （9）不能正确采集和处理信号，扣10分。 （10）控制系统加热温度超限，或无可靠的超温保护措施，扣20分	（1）GB/T 19069—2017《失速型风力发电机组 控制系统 技术条件》第5.2.2、5.2.3、5.2.4条； （2）DL/T 796—2012《风力发电场安全规程》第7.3.1条； （3）DL/T 797—2012《风力发电场检修规程》第A.13条
2.1.11.2	安全链	25	现场检查定检报告记录，询问或现场检查是否按照设备技术要求定期测试安全链功能，各部件功能是否完好，紧急停机、复位等功能是否正常	（1）未按设备技术要求定期测试安全链功能，不得分。 （2）紧急停机按钮不正常，扣5分。 （3）安全链不能正常断开，扣15分。 （4）安全链复位功能不正常，扣10分。 （5）风机必须具备独立的安全链系统，无独立安全链的，扣10分	DL/T 797—2012《风力发电场检修规程》第A.17.5、A.17.7条
2.1.11.3	传感器	25	（1）查阅定检报告记录，询问或现场检查是否定期进行传感器回路的检查。 （2）现场检查各部件固定是否牢固，性能是否完好，各项数据传输是否正确	（1）传感器固定不牢固，扣10分。 （2）位置、转速、位移、温度、压力、振动等传感器数据不正确，扣10分。 （3）风速、风向装置不正常，扣10分	（1）DL/T 797—2012《风力发电场检修规程》第A.10条； （2）DL/T 666—2012《风力发电场运行规程》第B.3条c款
2.1.12	风电机组防雷接地	100			
2.1.12.1	外部直击雷防护	50	（1）检查风电机组技术资料，叶片的接闪器（导引材料）和引下线是否安装正确，是否有足够的强度。	（1）未一年进行一次防雷系统和接地电阻测试，不得分。 （2）机舱未按要求做好相应的接闪措施，扣10分。 （3）风电机组叶片接闪器（导引材料）和引下线存在缺陷，扣10分。	（1）GB/T 19960.1—2005《风力发电机组 第1部分：通用技术条件》第4.8.2条； （2）NB/T 31039—2012《风力发电机组雷电防护系统技术规范》第5章；

序号	评价项目	标准分	查评方法及内容	评分标准	查评依据
2.1.12.1	外部直击雷防护	50	（2）检查防雷接地电阻测试及接地导通测试记录，询问或现场检查风轮与机舱间、机舱与塔柱间、尾舵与水平轴间是否做可靠电气连接，机组接地电阻是否小于或等于4Ω，是否每年进行测试一次。 （3）检查风电机组技术资料，环行地网的半径是否根据风电机组的雷电防护级别的要求和周围土壤电阻率定义	（4）机组防雷导电通路不可靠，接地电阻大于4Ω，扣10分。 （5）接地网未按国家标准规定进行敷设，扣20分	（3）DL/T 796—2012《风力发电场安全规程》第8.6条
2.1.12.2	内部防雷	50	（1）检查风电机组巡视检查记录、风电机组技术资料，是否设置防雷保护分区，是否在易遭受直击雷的部位加装通过一级分类的电源避雷器，是否在电气柜内加装通过二级分类的电源避雷器，是否在弱电设备的电源处加装通过三级分类的电源避雷器以使设备得到充分保护。 （2）现场检查或查阅风电机组技术资料，对可能受浪涌耦合的地方是否设置屏蔽与等电位连接，在设备前端即防雷分区的分界面是否设置浪涌保护器限制过电压，在机舱上的处理器和地面控制器通信是否采用光纤电缆连接	（1）未设置防雷保护分区，未进行三级防雷保护，不得分。 （2）对可能受浪涌耦合的地方未设置屏蔽与等电位连接，扣30分。 （3）未在设备前端即防雷分区的分界面设置浪涌保护器限制过电压，扣15分。 （4）机舱上的处理器和地面控制器通信未采用光纤电缆连接，扣15分	NB/T 31039—2012《风力发电机组雷电防护系统技术规范》第5章
2.1.13	风电场并网性能	110			
2.1.13.1	风电机组电压穿越能力	15	（1）查阅风电机组技术资料、风电场低电压穿越能力核查试验报告、风电机组制造方提供的同型号风电机组低电压穿越能力检测报告、并网调度协议，风电机组是否具有低电压穿越能力；当风电场并网点电压跌至20%标称电压时，风电机组能否保证不脱网连续运行625ms；风电场并网点电压在发生跌落后2s内恢复到标称电压的90%时，风电机组是否能保证不脱网连续运行。 （2）查阅风电机组技术资料，风电场是否具备一定的过电压能力，当并网点电压在0.9～1.1倍额定电压（含边界值）内时风电机组是否能正常运行	（1）并网风电机组不具备低电压穿越能力，不得分。 （2）风电机组低电压穿越能力不满足要求，扣5分。 （3）风电机组过电压能力（1.1倍额定电压或当地电网要求）不满足要求，扣5分。 （4）风电机组不具备低电压穿越能力，未按要求进行改造，风电机组在改造完成前擅自并网运行，扣10分	GB/T 19963—2011《风电场接入电力系统技术规定》第9.1、9.3条 备注：单机容量在1MW以下的机组不参评

序号	评价项目	标准分	查评方法及内容	评分标准	查评依据
2.1.13.2	电压和无功调节能力	20	查阅风电机组技术资料、风电场运行资料、无功补偿装置功能试验及参数实测报告，现场检查风电场运行情况和运行记录： （1）风电场是否配置无功电压控制系统，并具备无功功率调节及电压控制能力。 （2）是否能够根据电力系统调度机构指令，实现对风电场并网点电压的控制。 （3）调节速度和控制精度是否能满足电力系统电压调节的要求	（1）风电场不具备无功功率调节能力，不得分。 （2）未按要求实现对风电场并网点电压的控制，扣 10 分。 （3）不具有通过调整有载调压变压器分接头控制场内电压的能力，扣 10 分。 （4）控制精度不满足电力系统电压调节要求，扣 15 分	GB/T 19963—2011《风电场接入电力系统技术规定》第 7、8 章
2.1.13.3	有功功率控制	20	（1）查阅风电机组技术资料、风电场控制系统技术资料、风电场有功功率调节能力测试报告，现场检查风电场运行情况和运行记录，风电场是否配置有功功率控制系统，是否具备就地和远端有功功率控制能力以确保风电场有功功率值符合电网调度机构给定值。 （2）风电场是否执行由电网调度机构根据系统电源、负荷及系统频率特性等提出的对风电场有功功率变化率的要求。 （3）是否具备一次调频功能，并网运行时调频功能始终投入并确保正常运行（根据当地电网具体要求）	（1）风电场未配置有功功率控制系统，不能按要求控制有功功率，不得分。 （2）风电场未按指令控制有功功率变化率，在风电场并网以及风速增长过程中和正常停机情况下，风电场有功功率变化不能满足电力系统安全稳定运行要求，扣 15 分	GB/T 19963—2011《风电场接入电力系统技术规定》第 5 章 备注：按照当地电网要求
2.1.13.4	紧急情况下的风电场控制	15	（1）查阅风电场故障信息及相关资料，查看风电机组主控及变频器保护定值、风电机组箱式变压器保护定值等，在电网紧急情况下，安全自动装置是否能快速自动降低风电场有功功率或切除风电场；风电场是否立即向电网调度机构汇报，未经允许不能自行并网，并将机组并网方式改变为手动状态，经电网调度机构同意后按调度指令并网。 （2）查阅运行记录，询问或现场检查对电力系统故障期间未切出的风电场，其有功功率在故障清除后是否能快速恢复，自故障清除时刻开始，以至少 10%额定功率/秒的功率变化率恢复至故障前的值。 （3）查阅运行记录或询问，事故处理完毕，电力系统恢复正常运行状态后，风电场是否能尽快恢复并网运行，做好事故记录并及时上报电网调度机构	（1）风电场未能根据指令快速控制输出的有功功率，安全自动装置未能快速自动降低风电场有功功率或切除风电场，扣 5 分。 （2）事故处理完毕，电力系统恢复正常运行状态后，未能尽快恢复风电场的并网运行，扣 5 分。 （3）风电场及风电机组在紧急状态或故障情况下退出运行，以及因频率、电压等系统原因导致机组解列时，将机组并网方式改变为手动状态，并网运行未经电网调度机构同意，未立即向电网调度机构汇报并做好事故记录，扣 5 分	GB/T 19963—2011《风电场接入电力系统技术规定》第 5.3、9.3 条 备注：不具备安全自动装置的机组可不参评

续表

序号	评价项目	标准分	查评方法及内容	评分标准	查评依据
2.1.13.5	风功率预测	15	查阅风电场功率预测系统技术资料、风电场功率预测上报记录或现场检查风电场功率预测系统运行情况，风电场是否建立风电预测预报体系，是否按有关要求配置功率预测系统并按时投运，是否每天按照电力系统调度机构规定上报风电场发电功率预测曲线	（1）风电场未按要求配置功率预测系统，或风功率预测系统未按时投运，不得分。 （2）风电场每天未按照电力系统调度机构规定上报风电场发电功率预测曲线和超短期功率预测曲线，扣10分	（1）GB/T 19963—2011《风电场接入电力系统技术规定》第 6 章； （2）《并网调度协议范本》第 7.2 条
2.1.13.6	电能质量及电网适应性	15	（1）检查电能质量试验报告或检查电能质量监测柜相关运行记录，风电场电能质量是否满足标准要求，电压偏差、电压变动、闪变和谐波是否在规定的范围内。 （2）查阅运行记录及相关资料，当风电场并网点各项电能质量指标满足国家标准的规定时，风电场并网点电压在额定电压的90%～110%范围内，风电场运行频率在标准要求的偏离范围内，风电机组是否能正常运行	（1）风电场电能质量不满足标准要求，电压偏差、电压变动、闪变和谐波不在规定的范围内，扣10分。 （2）风电场的电网适应性不满足要求，扣10分	GB/T 19963—2011《风电场接入电力系统技术规定》第10、11章
2.1.13.7	仿真模型和参数	10	查阅技术资料、风电场设备台账、设计图纸	风电场提供用于电力系统仿真计算的风电机组、风电场汇集线路及风电机组/风电场控制系统模型及参数元件模型和参数发生变化的情况，未及时反馈电网调度机构，扣10分	GB/T 19963—2011《风电场接入电力系统技术规定》第 12 章 备注：参考当地电网要求执行
2.1.14	技术管理	300			
2.1.14.1	技术文件	100	技术档案包括设备技术规范和运行操作说明书、出厂试验记录以及有关图纸和系统图、风电机组安装记录、现场调试记录和验收记录以及竣工图纸和资料、风电机组输出功率与风速关系曲线、风电机组事故和异常运行记录、风电机组检修和重大改进记录、风电机组运行记录等	（1）出厂技术资料不齐全，每项扣10分。 （2）安装记录、现场调试记录和验收记录以及竣工图纸和资料不齐全，每项扣10分。 （3）无风功率运行曲线，扣10分。 （4）无事故和异常运行记录，扣20分。 （5）无检修和重大改动记录，扣20分。 （6）运行记录不齐全，扣20分	（1）GB/T 25385—2019《风力发电机组运行及维护要求》第 5 章； （2）DL/T 666—2012《风力发电场运行规程》第5.3条； （3）《风力发电场调试规程》第4.4条、第6～8章
2.1.14.2	技术功能	100	机组在标准规定的正常环境（气候）条件及输出端电网正常范围条件下是否能正常运行，并达到所规定的各项技术、性能指标；故障情况下，控制系统是否能及时保护停机并显示相应的故障类型及参数	（1）机组不能正常运行，或不能达到所规定的各项指标，每台扣5分。 （2）年可利用率小于97%，扣5分。 （3）在故障情况下，控制系统不能及时保护停机并显示相应的故障类型及参数，每台扣5分。 （4）在正常工作状态下，机组功率输出与理论值的偏差超过10%；或当风速大于额定风速时，持续10min功率输出超过额定值的115%，瞬间功率输出超过额定值135%，每台扣5分	GB/T 19960.1—2005《风力发电机组 第1部分：通用技术条件》第4、5章

序号	评价项目	标准分	查评方法及内容	评分标准	查评依据
2.1.14.3	安全防护	100	（1）机组是否配备必要的消防设备、应急设备和安全标志，以及可靠的防坠落安全装置、逃生装置、医疗急救箱、灭火设备，以保证机舱内有良好的通风条件和亮度足够的照明。 （2）电力线路、电气设备、控制柜外壳及次级回路之间的绝缘电阻是否满足相关标准的要求。 （3）机组内是否有防小动物进入的措施。 （4）风电机组是否具有两种不同原理的、能独立有效制动的制动系统。 （5）机组的防雷保护见2.1.12	（1）无制造厂的金属铭牌，或铭牌内容不齐全，每台扣1分。 （2）安全警告标志不明显，张贴不合格，扣2分。 （3）塔筒、机舱不满足防盐雾腐蚀或防沙的要求，每台扣3分。 （4）控制柜体不满足防尘防水的防护要求，每台扣3分。 （5）提升装置、防坠落安全装置配置不齐全、性能不可靠，每台扣3分。 （6）未配置逃生装置、医疗急救箱、灭火设备，或装置设备不合格，每台扣3分。 （7）机舱内未良好通风，每台扣3分。 （8）塔筒、机舱内照明设施不齐全，或亮度不够，每台扣3分	（1）GB/T 18451.1—2012《风力发电机组 设计要求》第8.2、8.3、10.5、10.6、10.7、13.1条； （2）GB/T 19960.1—2005《风力发电机组 第1部分：通用技术条件》第4.7、4.8条； （3）GB/T 35204—2017《风力发电机组安全手册》； （4）DL/T 796—2012《风力发电场安全规程》第5.2条
2.1.15	风电场运行管理	125			
2.1.15.1	运行人员技能要求	25	现场检查考核证明，对照运行规程、作业指导书等资料对运行人员进行现场抽查，运行人员是否掌握计算机监控系统的使用方法，是否熟悉风电机组原理、结构和各种状态信息、故障信号及故障类型，是否掌握判断一般故障的原因和处理的方法，是否熟悉操作票、工作票的填写以及有关标准、规程的基本内容，是否能够完成风电场各项运行指标的统计、计算	（1）主控值班人员未持有电网调度机构颁发的上岗资格证书，每人扣5分。 （2）运行人员不熟悉业务，每人扣10分。 （3）运行人员未经过岗位培训，或考核不合格，每人扣10分	DL/T 666—2012《风力发电场运行规程》第4章
2.1.15.2	再投入运行检查	25	查阅检查风电机组再投入运行记录有无相关条目，风电机组再投入运行前是否具备以下条件：电源相序正确；调向系统处于正常状态；液压装置的油压和油位在规定范围内；齿轮箱油位和油温在正常范围；各项保护装置均正确投入；机组动力电源、控制电源处于接通位置；控制计算机显示处于正常运行状态；手动启动前叶轮上应无覆冰、结霜现象；停用和新投运的风电机组在投入运行前应检查绝缘；经维修的风电机组在启动前，所有为检修而设立的各种安全措施应已拆除	（1）未按相关规定进行机组再投入运行检查，不得分；检查记录缺失，每处扣10分。 （2）再投入运行检查项目不全，每项扣5分	DL/T 666—2012《风力发电场运行规程》第6.1.3条

13

序号	评价项目	标准分	查评方法及内容	评分标准	查评依据
2.1.15.3	运行监视	25	（1）检查相关运行日志、交接班记录、巡视记录、缺陷记录、检修交待记录、设备台账、定检报告等是否齐全。 （2）查阅资料或询问，是否根据风电机组运行参数检查分析各项参数变化情况；发现异常情况是否进行连续监视，并根据变化情况做出必要处理；遇可能造成风电场停运的灾害性气候现象（如沙尘暴、台风等）是否向电网调度及相关部门报告，并及时启动风电场应急预案。 （3）检查故障消缺手册、运行规程、检修（维护）规程、作业指导书、风电场年度检修、维护计划、阶段性总结和年终检修专项总结，风电场月度缺陷分析报告，可靠性管理	（1）运行人员未按规定进行运行监视，不得分；运行监视记录缺失，每项扣5分。 （2）定检报告缺失10%以上，扣25分；缺失10%及以下，扣10分。 （3）发现异常情况未根据变化情况做出必要处理，每处扣20分。 （4）无故障消缺手册，不得分。 （5）检修无计划或主要检修计划未列、无总结，不得分。 （6）可靠性管理有错误，每处扣10分	（1）DL/T 666—2012《风力发电场运行规程》第5.2.2～5.2.7条； （2）Q/BJCE-218.17-42—2019《可靠性管理规定》
2.1.15.4	定期巡视及处理	25	（1）检查定期巡视记录，运行人员是否定期对风电机组进行巡回检查，发现缺陷是否及时处理并记录，每个季度是否进行一次登机巡视。 （2）现场检查，是否对机组卫生进行清理。 （3）检查定期巡视记录，巡视项目包括检查风电机组在运行中有无异常响声、叶片运行状态、调向系统动作是否正常、电缆有无绞缠情况、风电机组各部分是否渗油。 （4）当气候异常、机组非正常运行及新设备投入运行等特殊情况时，是否增加巡回检查内容及次数	（1）运行人员未按规定进行定期巡视，不得分；缺少巡视记录，扣15分。 （2）发现异常情况未根据变化情况做出必要处理，扣10分。 （3）机组卫生未及时清理，扣10分。 （4）巡视项目不全，每项扣5分。 （5）巡视报告未归档或巡视发现缺陷未录入缺陷记录，每处扣5分	DL/T 666—2012《风力发电场运行规程》第6.1.7条 备注：根据区域公司巡视检查制度执行
2.1.15.5	规范化调度运行	25	（1）是否遵守调度纪律、严格调度命令、落实调度指令。 （2）是否认真监视设备运行工况、合理调整设备状态参数、正确处理设备异常情况。 （3）是否完善设备检修安全技术措施，做好监护、验收等工作，严格核对操作票内容和操作设备名称，加强操作监护并逐项进行操作。 （4）是否按规定时间、内容及线路对设备进行巡回检查，随时掌握设备运行情况。	（1）违反调度纪律，不得分。 （2）因运行监视不到位发生不安全事件，扣5分。 （3）存在无票操作，不得分操作票不合格，每张扣2分。 （4）设备定期轮换和试验工作未执行或执行不到位，扣2分。	（1）国务院令第115号《电网调度管理条例》；

序号	评价项目	标准分	查评方法及内容	评分标准	查评依据
2.1.15.5	规范化调度运行	25	（5）是否按规定时间和方法做好设备定期轮换和试验工作，并做好相关记录。 （6）是否制定万能解锁钥匙和配电室及配电设备钥匙的相关制度，并认真执行。 （7）是否根据设备状况，合理安排机组运行方式、做好事故预想、开展反事故演习，并做好各类运行记录	（5）设备巡检不符合要求，扣2分。 （6）未制定万能解锁钥匙和配电室及配电设备钥匙制度，扣5分；未严格执行或记录不全，扣2分。 （7）未定期组织开展反事故演习、进行事故预想，扣2分；记录不完整、不翔实，每次扣1分	（2）DL/T 666—2012《风力发电场运行规程》
2.1.16	风电场检修管理	120			
2.1.16.1	检修项目、计划	20	主要检查风电场检修项目及计划执行情况： （1）检查检修计划是否合理，检修目标、进度、备件、材料、人工安排是否合理。 （2）检修项目是否完善，是否有缺项、漏项。 （3）检查修前、修后试验项目，是否有缺项、漏项和不合格项。 （4）检查重大检修项目的专用工器具台账，是否在存在工器具应检未检项目。 （5）检查设备检修台账是否完善	（1）检修计划不完善，检修目标、进度、材料、人工和费用安排不合理，每处扣2分。 （2）检修项目不完善，存在缺项、漏项和不合格，每处扣2分。 （3）修前、修后试验项目，存在缺项、漏项和不合格项，每处扣2分。 （4）专用工器具存在工器具应检未检项目，每处扣2分。 （5）检查设备检修台账是否完善，每项扣2分	
2.1.16.2	检修质量管理	20	查看设备检修管理制度及标准作业文件： （1）是否实行标准化检修管理，编制检修策划书，对专修技改项目制定安全组织措施、技术措施及施工方案。 （2）是否严格工艺要求和质量标准，实行检修质量控制和监督验收制度	（1）对专修技改项目未制定安全组织措施、技术措施及施工方案，每项扣5分。 （2）质量控制未严格执行验收制度，每项扣5分；执行不到位和验收资料不完整，每项扣2分	
2.1.16.3	检修记录	20	（1）检查检修记录是否覆盖设备检查、修理和复装的全过程。 （2）检修记录是否内容详细、字迹清晰、数据真实、测量分析准确，且所有记录完整、正确、简明、实用	（1）设备检修记录不完善，每项扣2分；重要节点未能需要提供原始记录，扣5分。 （2）检修记录书写不清晰、数据不真实，每项扣5分，最高扣10分	
2.1.16.4	施工现场管理	30	（1）检修人员是否正确使用合格的劳保用品和工器具。 （2）检修现场的井、坑、沟及开凿的地面孔洞，是否设牢固围栏、照明及警示标志。	（1）检修人员使用不合格的劳保用品和工器具，每项扣10分。 （2）检修现场无安全防护措施，不得分；安全措施不完善，每项扣5分。	

序号	评价项目	标准分	查评方法及内容	评分标准	查评依据
2.1.16.4	施工现场管理	30	（3）检修现场是否落实易燃易爆危险物品和防火管理。 （4）现场作业是否履行工作票手续	（3）检修现场储存易燃易爆危险物品，不得分；施工现场有吸烟或有烟头，每例扣10分。 （4）现场检修未使用工作票，不得分；工作时工作负责人（监护人）不在现场，不得分	
2.1.16.5	修后设备技术资料管理	30	（1）现场检查档案室对修后设备的技术资料归档情况。 （2）检查30天内的设备台账更新情况	（1）修后技术资料未及时归档，每项扣3分，最高扣15分。 （2）未在规定时间内完成设备更新录入，每项扣3分，最高扣15分	
2.1.17	振动监督	30			
2.1.17.1	技术监督制度	30	（1）是否建立本单位的旋转设备振动管理制度。 （2）技术管理专责人是否明确，并按京能集团振动管理制度有关规定开展工作	（1）无本单位制度，不得分。 （2）每缺一级责任制，扣5分；每一级责任制不落实扣5分	Q/BJCE－219.17－01－2019《风机振动监督导则》
2.1.18	风机自动控制监督	40			
2.1.18.1	技术监督制度	30	（1）是否建立本单位的风机自动控制监督制度。 （2）各级风机自动控制监督岗位责任制是否明确，责任制是否落实	（1）无本单位制度，不得分。 （2）每缺一级责任制，扣1分；每一级责任制不落实扣2分	Q/BJCE－219.17－23－2019《风机自动控制监督导则》
2.1.18.2	年度计划	10	检查是否有风机自动控制监督年度计划、总结	无计划总结，不得分	Q/BJCE－219.17－23－2019《风机自动控制监督导则》
2.1.19	塔筒沉降监督	30			
2.1.19.1	技术监督制度	30	（1）是否建立本单位的塔筒沉降管理制度。 （2）技术管理专责人是否明确，并按塔筒沉降监督有关规定开展工作	（1）无本单位制度，不得分。 （2）每缺一级责任制，扣5分；每一级责任制不落实扣5分	Q/BJCE－219.17－03－2019《风机塔筒沉降监督导则》
2.1.20	金属技术监督	30			
2.1.20.1	技术监督制度	20	（1）是否建立本单位的金属监督制度。 （2）各级金属监督岗位责任制是否明确，责任制是否落实	（1）无本单位制度，不得分。 （2）每缺一级责任制，扣5分；每一级责任制不落实扣2分	Q/BJCE－219.17－22－2019《风机金属监督导则》

序号	评价项目	标准分	查评方法及内容	评分标准	查评依据
2.1.20.2	技术监督会议	10	金属技术监督专责工程师是否参加大修项目的制定会、协调会、总结会（三会）	（1）不参加大修项目的制定会，扣 1 分。 （2）不参加大修协调会，扣 1 分。 （3）不参加大修总结会，扣 1 分。 （4）三会无记录，不得分	Q/BJCE－219.17－22—2019《风机金属监督导则》
2.1.21	化学技术监督	20			
2.1.21.1	技术监督制度	20	（1）是否建立本单位的化学监督制度。 （2）各级化学监督岗位责任制是否明确，责任制是否落实	（1）无本单位制度，不得分。 （2）每缺一级责任制，扣 5 分；每一级责任制不落实，扣 5 分	Q/BJCE－219.17－02—2019《风力、光伏发电企业化学技术监督导则》

2.2　电气一次设备

序号	评价项目	标准分	查评方法及内容	评分标准	查评依据
2.2	电气一次设备	**1570**			
2.2.1	变压器（含箱式变压器）	285		说明：本部分中一些评价项目不适用箱式变压器，可不对箱式变压器进行评价；扣分考虑箱式变压器数量的因素，可适当放宽	
2.2.1.1	变压器日常维护管理	80			
2.2.1.1.1	变压器设备台账及更新	5	现场检查设备责任标志及检查设备分工台账： （1）变压器设备台账记录是否准确。 （2）新增设备验收后是否在规定的时间内完成设备异动后设备分工和相关资料的录入、更新工作	（1）未建立设备台账，不得分；设备台账记录不准确，每处扣 2 分。 （2）新增设备验收后未在规定的时间内完成设备异动后设备分工和相关资料的录入，每处扣 2 分	电监安全〔2011〕23 号《发电企业安全生产标准化规范及达标评级标准》第 5.6.1.2 条
2.2.1.1.2	变压器设备缺陷	5	检查变压器设备缺陷记录	（1）存在一般缺陷，扣 2 分。 （2）存在重要缺陷，不得分	Q/BJCE－218.17－03—2019《风力、光伏发电企业设备缺陷管理办法》
2.2.1.1.3	变压器红外成像测温	10	检查红外测温记录（包括环境温度、检测时负荷电流、测点温度、使用仪器等）： （1）是否建立定期测温规定，并定期开展红外成像测温检查。	（1）未建立定期测温规定或未开展测温工作，不得分。 （2）未严格按照周期、设备范围、检测操作规范开展工作，每处扣 2 分。	DL/T 664—2016《带电设备红外诊断应用规范》表 H.1

续表

序号	评价项目	标准分	查评方法及内容	评分标准	查评依据
2.2.1.1.3	变压器红外成像测温	10	（2）箱体、钟罩螺栓、潜油泵、套管、引线接头处、其他附件是否有过热现象。 （3）发现缺陷是否采取措施	（3）测温发现问题未执行相应措施，每处扣2分；严重问题未及时消除，不得分。 （4）箱体、钟罩螺栓、潜油泵、套管、引线接头处未测全，每项扣2分。 （5）红外测温记录不符合要求，扣2分	DL/T 664—2016《带电设备红外诊断应用规范》表 H.1
2.2.1.1.4	变压器铁芯接地线电流	5	查看变压器铁芯接地电流测量记录： （1）是否期定期监测变压器铁芯接地线电流。 （2）当运行铁芯、夹件接地中电流异常变化时，是否尽快查明原因，严重时是否采取措施及时处理，电流一般控制在100mA以下	（1）在运行中未定期监测接地线电流，不得分。 （2）发现铁芯与夹件接地电流测量不合格，存在缺陷未及时处理，不得分	Q/BEH–211.10–18—2019《防止电力生产事故的重点要求及实施导则》第19.2.2.3.7条、表19–2
2.2.1.1.5	呼吸器情况	5	（1）查阅检修记录，现场检查硅胶变色情况。 （2）呼吸器运行和维护情况是否良好	（1）未按规定记录硅胶变色情况，不得分。 （2）硅胶变色超过2/3未更换，扣2分。 （3）呼吸器阻塞，不得分	GB/T 6451—2015《油浸式电力变压器技术参数和要求》第7.2.4.3条
2.2.1.1.6	变压器的各部位密封	5	现场检查套管及本体、散热器、储油柜等部位是否存在渗漏油问题	（1）有渗油点，每处扣2分。 （2）有明显渗漏油问题，不得分	DL/T 572—2010《电力变压器运行规程》第5.1.4条
2.2.1.1.7	有载分接开关	10	查阅试验报告、检修记录总结，现场检查： （1）有载分接开关接触是否良好，有载分接开关及操动机构有无重要隐患。 （2）有载分接开关的油与本体油之间是否有渗漏问题。 （3）有载分接开关的操动机构能否按规定进行检修	（1）无检修记录、试验报告，不得分。 （2）有载分接开关有重要缺陷且未采取有效措施，不得分。 （3）有载分接开关存在渗漏问题，扣5分。 （4）有载分接开关的操动机构未按规定进行检修，扣5分	（1）DL/T 572—2010《电力变压器运行规程》第5.4条； （2）DL/T 574—2010《变压器分接开关运行维护导则》第7.2.1条
2.2.1.1.8	冷却系统（如潜油泵风扇等）	10	查阅缺陷记录：冷却系统（如潜油泵风扇等）是否存在缺陷，重点检查水冷却系统是否保持油压大于水压	（1）未按规定记录冷却系统运行情况，不得分。 （2）水冷油器水压大于油压，不得分	DL/T 572—2010《电力变压器运行规程》第5.1.4条
2.2.1.1.9	室外油浸变压器释压阀、油流继电器、气体继电器、温度计防雨措施	5	现场检查变压器释压阀、油流继电器、气体继电器、温度计是否有完善的防雨措施	（1）释压阀、油流继电器、气体继电器、温度计无防雨措施，每处扣2分。 （2）未将接线盒放入释压阀、油流继电器、气体继电器、温度计防雨罩内，每处扣2分	（1）DL/T 572—2010《电力变压器运行规程》第5.1.4条； （2）Q/BEH–211.10–18—2019《防止电力生产事故的重点要求及实施细则》第19.1.3.2条

序号	评价项目	标准分	查评方法及内容	评分标准	查评依据
2.2.1.1.10	主变压器低压侧与封闭母线连接的升高座定期排水	5	现场检查主变压器低压侧与封闭母线连接的升高座应设置排污装置，主变压器低压侧与封闭母线连接的是否定期排水	（1）无排水记录，不得分。 （2）未定期排水，扣3分	Q/BEH-211.10-18—2019《防止电力生产事故的重点要求及实施导则》第16.1.15.3条
2.2.1.1.11	变压器储油（或挡油）和排油设施，事故油池（适用于变电站内）	5	查看图纸资料，现场检查，屋内装设的油量大于100kg和屋外装设的油量大于1000kg的变压器是否设有符合规定的储油（或挡油），排油设施、事故油池是否符合要求	（1）任一台设备应设而未设储油（挡油）设施，或排油设施不满足设计容量要求，不得分。 （2）卵石层被土堵塞未定期清理或卵石规格不符合要求，扣3分。 （3）油水分离设备损坏的，不得分。 （4）事故油池的容量不满足要求，不得分。 （5）非油水分离的事故油池不及时排水，有大量积水，不得分	（1）DL/T 5352—2018《高压配电装置设计规范》第5.5条； （2）DL 5027—2015《电力设备典型消防规程》第10.3.6、10.3.7条
2.2.1.1.12	箱式变压器基础	10	现场检查，箱式变压器、杆架式变压器、台屋式变压器基础是否符合相关标准要求；外露式变压器是否有牢固的围栏、托架，安全距离及高度是否满足要求	（1）箱式变压器、杆架式变压器、台屋式变压器基础不符合要求，每台扣1分。 （2）外露式变压器未设牢固的围栏、托架，每台扣2分。 （3）安全距离不满足要求，每处扣2分。 （4）围栏高度不满足要求，每处扣2分	（1）GB 50202—2018《建筑地基基础工程施工质量验收标准》第3.0.8条3款； （2）GB 50204—2015《混凝土结构工程施工质量验收规范》第3.0.3～3.0.6、5.1.1、5.2.1、5.2.2、7.2.1、7.3.2、7.4.1、8.2.1、8.3.1、9.1.1、10.2.1条； （3）DL/T 5352—2018《高压配电装置设计规范》第5.1、5.4条
2.2.1.2	变压器技术管理	55			
2.2.1.2.1	变压器档案管理	15	查阅有关设备的技术档案（产品技术文件、图纸、安装调试报告、试验报告、设备台账、异动报告等）是否齐全并及时归档，内容是否完整、正确	（1）产品技术文件、图纸、安装调试报告、出厂及大修试验报告、异动报告未在规定时间内归档，每份扣5分。 （2）其他试验报告、设备台账、异动报告（部门保存）缺失或内容不完整，每份扣3分	（1）DL/T 1054—2007《高压电气设备绝缘技术监督规程》第8.1条； （2）Q/BJCE-219.17-24—2019《电气绝缘技术监督导则》第5.3.8条
2.2.1.2.2	变压器反措	10	（1）检查是否制定并落实变压器、设备反措、现场处置预案及演练记录。 （2）检查是否按Q/BEH-211.10-18—2019《防止电力生产事故的重点要求及实施导则》并结合本场站设备实际制定落实变压器设备年度反措，并制定防止变压器损坏事故现场处置方案	（1）未制定防止变压器损坏事故措施，不得分。 （2）防止变压器损坏事故措施与本场站设备实际不符，每处扣2分。 （3）未结合本场站设备实际制订年度反措计划，不得分。 （4）未制定防止变压器损坏事故现场处置方案，无演练记录，每缺少一项扣5分	Q/BEH-211.10-18—2019《防止电力生产事故的重点要求及实施导则》附录19

序号	评价项目	标准分	查评方法及内容	评分标准	查评依据
2.2.1.2.3	变压器抗短路能力	10	（1）查阅产品出厂资料和型式试验报告。 （2）变压器抗短路能力是否符合要求	突发性短路试验报告或短路能力计算报告缺失，不得分	Q/BEH-211.10-18-2019《防止电力生产事故的重点要求及实施导则》第19.1.1.1条
2.2.1.2.4	8MVA及以上变压器胶囊、隔膜等密封技术措施	10	（1）查阅产品说明书、检修报告。 （2）现场检查8MVA及以上变压器是否采用胶囊、隔膜等密封技术措施	（1）任一台未采用密封技术措施，扣5分。 （2）存在严重缺陷（如胶囊破裂）未消除，不得分。 （3）胶囊使用超15年未更换，不得分	Q/BEH-211.10-18-2019《防止电力生产事故的重点要求及实施导则》第19.1.2.7条
2.2.1.2.5	变压器铁芯、夹件接地情况	5	（1）现场查看变压器铁芯、夹件接地情况。 （2）铁芯、夹件通过小套管引出接地的变压器是否将接地引线引至适当位置，以便在运行中监测接地线中有无环流	铁芯、夹件通过小套管引出接地的变压器，接地引线未分开引至变压器本体下部与本体连接，不得分	Q/BEH-211.10-18-2019《防止电力生产事故的重点要求及实施细则》第19.1.2.18条
2.2.1.2.6	强迫油循环冷却装置的控制情况	5	（1）查阅运行规程、产品说明书。 （2）现场检查强迫油循环冷却装置的投入和退出是否按油温的变化来控制，是否有两个独立的电源	（1）运行规程中无相关规定，不得分。 （2）未设两个独立电源且不能自动切换，不得分	DL/T 572-2010《电力变压器的运行规程》第3.1.4条
2.2.1.3	变压器运行管理	35			
2.2.1.3.1	变压器运行技术标准、资料	10	（1）查阅变压器运行规程。 （2）变压器运行技术标准、资料是否齐全	（1）运行规程不全，不得分。 （2）内容不全、存在严重错误，每处扣2分	Q/BEH-211.10-02-2019《安全生产工作规定》
2.2.1.3.2	上层油温、绕组温度	10	检查相关规定，现场检查，重点检查最大负荷及最高运行环境温度下的运行记录： （1）上层油温、绕组温度是否超过规定值。 （2）温度计及远方测温装置指示是否正确	（1）油温、绕组温度超出规定值，不得分。 （2）温度测量值不准，无远方测温装置，扣5分。 （3）远方与就地温度值相差超过5℃，扣5分	（1）GB 1094.2-2013《电力变压器 第2部分：液浸式变压器的温升》第6章； （2）DL/T 572-2010《电力变压器运行规程》第5.1、5.3.5条
2.2.1.3.3	套管和储油柜的油面	10	（1）查阅巡视记录。 （2）现场检查套管和储油柜的油面是否正常	（1）套管油面不正常，不得分；套管油位看不清，每处扣2分。 （2）储油柜油面不正常，扣5分	DL/T 572-2010《电力变压器运行规程》第5.1条
2.2.1.3.4	冷却装置两个独立电源自动切换试验	5	（1）查阅运行规程、定期切换记录。 （2）现场检查冷却装置两个独立的电源是否定期进行自动切换试验	未进行自动切换试验，不得分	（1）DL/T 572-2010《电力变压器的运行规程》第3.1.4条； （2）电监安全〔2011〕23号《发电企业安全生产标准化规范及达标评级标准》第5.6.4.1.7条

序号	评价项目	标准分	查评方法及内容	评分标准	查评依据
2.2.1.4	变压器检修管理	115			
2.2.1.4.1	变压器检修规程	10	查阅变压器检修规程是否正确、有效、完善、齐全	（1）无检修规程，不得分。 （2）变压器检修不符合要求或与设备实际不符，不得分；每缺少一项扣2分	（1）电监安全〔2011〕23号《发电企业安全生产标准化规范及达标评级标准》第5.6.1.4条； （2）Q/BEH-211.10-02-2019《安全生产工作规定》
2.2.1.4.2	检修现场隔离和定置管理	5	检查工作票安全隔离措施，现场检查： （1）是否严格检修现场隔离和定置管理，检修现场是否分区域管理，检修物品是否实行定置管理，检修现场与运行系统以及其他作业现场是否有明确的隔离措施和标志方式。 （2）相关工器具、备品备件、施工产生物品、隔离设施和警示标志安置地点是否按规范设置	（1）检修现场与运行系统以及其他作业现场无明确的隔离措施和标志，不得分。 （2）相关工器具、备品备件、施工产生物品、隔离设施和警示标志安置地点未按规范设置和定置管理，每处扣2分	
2.2.1.4.3	现场抽真空工艺	5	查阅检修记录，110kV电压等级及以上变压器（含套管）是否采用真空注油，现场抽真空工艺是否符合要求，静置时间是否符合要求	（1）报告中未明确现场抽真空工艺和静置时间，不得分。 （2）抽真空工艺和静置时间不符合要求，扣3分	（1）DL/T 573—2010《电力变压器检修导则》第11.8.2条； （2）Q/BJCE-218.17-02-2019《风力、光伏发电企业生产维护及检修管理规定》
2.2.1.4.4	变压器设备检修评价	10	查阅检修计划审批程序、检修记录及总结、检修试验报告： （1）检修周期是否合理，是否经过批复，检修项目是否有针对性。 （2）修后试验项目是否齐全	（1）检修周期未经过评估、检修项目无针对性，检修周期未经过批复，扣5分。 （2）修后试验项目不全、报告缺失或报告内容不完整，每项扣5分	DL/T 573—2010《电力变压器检修导则》第5.2条
2.2.1.4.5	变压器油色谱、微水	20	（1）查阅变压器油色谱、微水及含气量试验报告。 （2）油的色谱分析、油中含水量是否超周期，含量指标是否合格	（1）绝缘油中色谱分析及油中含水量不合格，未查明原因和制定措施，每处扣5分。 （2）超周期和检验项目缺项，扣5分	（1）GB/T 7595—2017《运行中变压器油质量》表1； （2）GB/T 722—2014《变压器油中溶解气体分析和判断导则》第5、9、10章
2.2.1.4.6	变压器油的电气试验（击穿电压、90℃的介质损耗）	10	查阅有关试验报告： （1）油的电气试验是否按规程执行，是否超周期。 （2）试验值（包括击穿电压、90℃的介质损耗）是否合格	（1）超周期和检验项目不符合规定，扣5分。 （2）试验值不合格未查明原因或严重超标，不得分	GB/T 7595—2017《运行中变压器油质量》表1

序号	评价项目	标准分	查评方法及内容	评分标准	查评依据
2.2.1.4.7	变压器预防性试验	20	查阅变压器预防性试验计划、试验报告： （1）变压器预防性试验计划是否符合要求。 （2）预防性试验是否完整、合格，试验是否超周期。 （3）重要项目不合格是否采取加强监督的技术措施	（1）无预防性试验计划，不得分。 （2）任一台变压器预防性试验超周期或存在漏试项目，扣10分。 （3）任一台变压器的重要项目不合格且未采取有效措施的，不得分	DL/T 596—1996《电力设备预防性试验规程》第6.1条
2.2.1.4.8	变压器局部放电试验	5	查阅有关试验报告： （1）变压器局部放电试验是否按规程执行，重点检查设备的交接和大修是否进行局部放电试验。 （2）试验结果不合格是否采取有效监督措施	（1）未按规程执行，不得分。 （2）试验不合格的未分析原因且未采取有效措施，不得分	Q/BEH—211.10—18—2019《防止电力生产事故的重点要求及实施导则》第19.1.2.2、19.1.2.11、19.1.2.16条
2.2.1.4.9	变压器变形试验	5	查阅有关试验报告，在交接、发生出口短路或近区短路后以及每六年是否进行变压器变形试验	（1）未按规程执行，不得分。 （2）在近端发生短路后，未做相应试验，不得分	（1）DL/T 596—1996《电力设备预防性试验规程》； （2）电监安全〔2011〕23号《发电企业安全生产标准化规范及达标评级标准》第5.6.4.1.7条； （3）Q/BEH—211.10—18—2019《防止电力生产事故的重点要求及实施导则》第19.1.2.11条
2.2.1.4.10	变压器（150MVA以上升压变压器）绝缘老化试验	10	查阅缺陷记录及试验报告： （1）是否存在绝缘老化等其他缺陷。 （2）运行10年以上的设备是否有糠醛试验报告	（1）有重要缺陷未消除，不得分。 （2）运行10年以上的设备未做糠醛试验或试验不合格，不得分	Q/BEH—211.10—18—2019《防止电力生产事故的重点要求及实施导则》第19.1.2.13条
2.2.1.4.11	铁芯绝缘	10	查阅有关检修记录、检修总结报告、试验报告： （1）铁芯是否存在多点接地。 （2）对铁芯绝缘存在问题的变压器是否采取措施和加强检测	（1）明确铁芯多点接地，未及时处理或采取措施，不得分。 （2）未缩短测量铁芯接地电流和铁芯对地绝缘的测量时间，扣5分	（1）GB 50150—2016《电气装置安装工程 电气设备交接试验标准》第8.0.7条； （2）DL/T 596—1996《电力设备预防性试验规程》表5第8项； （3）Q/BEH—211.10—18—2019《防止电力生产事故的重点要求及实施导则》第19.1.2.18条

序号	评价项目	标准分	查评方法及内容	评分标准	查评依据
2.2.1.4.12	温度计及远方测温装置	5	查阅温度计校验报告，温度计及远方测温装置是否齐全并定期校验	（1）温度计无校验报告，不得分。 （2）校验超周期，扣2分	DL/T 572—2010《电力变压器运行规程》第5章
2.2.2	母线、架构及设备外绝缘	150			
2.2.2.1	母线、架构及设备外绝缘日常维护管理	55			
2.2.2.1.1	设备台账（包括外绝缘台账）	5	现场检查设备责任标志、设备分工台账： （1）设备台账记录是否准确（包括外绝缘台账）。 （2）新增设备验收后是否在规定的时间内完成设备异动后设备分工和相关资料的录入、更新工作	（1）未建立设备台账（包括外绝缘台账），不得分；设备台账记录不准确，每处扣2分。 （2）新增设备验收后未在规定的时间内完成设备异动后设备分工和相关资料的录入，每缺少一处扣2分	电监安全〔2011〕23号《发电企业安全生产标准化规范及达标评级标准》第5.6.1.2条
2.2.2.1.2	定期测温工作	10	检查定期测温制度，查阅红外测试报告及缺陷记录： （1）是否建立定期测温制度。 （2）是否定期开展红外测温工作。 （3）各类引线接头是否存在过热情况，对测温发现的缺陷是否采取加强监督措施	（1）未建立定期测温制度或未开展测温工作，不得分。 （2）未严格按照周期、设备分类、检测操作规范开展工作，每处扣1分。 （3）测温发现问题未执行相应措施的，每处扣2分；严重问题未及时消除，不得分	DL/T 664—2016《带电设备红外诊断应用规范》表H.1
2.2.2.1.3	架构等户外设施腐蚀及劣化情况	10	查阅相关规定，现场检查： （1）水泥架构（含独立避雷针）基础表面水泥有无脱落。 （2）钢筋有无外露，插入式基础有无锈蚀。 （3）基础周围保护土层有无流失、塌陷。 （4）架构、金具有无严重腐蚀	（1）运行规程中无相关规定，不得分。 （2）未按规定开展检查，不得分。 （3）发现问题，未采取有效措施或措施采取不到位，每处扣2分。 （4）存在严重问题，不得分	DL/T 741—2019《架空输电线路运行规程》第5.1.1条
2.2.2.1.4	场区内以及邻近的外部环境	10	检查巡视记录、治理措施，是否有威胁设备安全运行的异物（塑料布、彩钢板、锡箔纸、油毡纸、垃圾等），特殊气候条件下是否开展特巡	（1）未按规定开展特巡，不得分。 （2）发现问题，未采取有效措施或措施采取不到位，每处扣2分。 （3）存在此类问题引起电气设备跳闸的，不得分	
2.2.2.1.5	隔离开关、母线支柱绝缘子瓷件及法兰	10	查看巡视检查记录及夜间巡视检查记录，在运行巡视时，注意隔离开关、母线支柱绝缘子瓷件及法兰有无裂纹，夜间巡视时注意瓷件有无异常电晕现象	（1）母线支柱绝缘子瓷件及法兰有裂纹，不得分。 （2）未按规定进行夜间巡视，扣5分	Q/BEH－211.10－18—2019《防止电力生产事故的重点要求及实施导则》第20.2.2.9条

续表

序号	评价项目	标准分	查评方法及内容	评分标准	查评依据
2.2.2.1.6	设备外绝缘积污情况	5	现场检查，查阅巡视记录： （1）设备外绝缘是否存在严重积污及爬电现象。 （2）发现爬电现象是否采取防范措施	（1）存在严重积污及爬电现象，不得分。 （2）发现爬电现象未采取防范措施，扣2分	（1）电监安全〔2011〕23号《发电企业安全生产标准化规范及达标评级标准》第5.6.4.1.5条； （2）Q/BEH−217.10−18—2019《防止电力生产事故的重点要求及实施导则》表22−2
2.2.2.1.7	设备外绝缘清扫	5	查阅盐密检测报告、清扫记录，设备外绝缘清扫是否以盐密监测为指导合理安排清扫周期	清扫周期不合理，扣2分	（1）电监安全〔2011〕23号《发电企业安全生产标准化规范及达标评级标准》第5.6.4.1.5条； （2）Q/BEH−217.10−18—2019《防止电力生产事故的重点要求及实施导则》表22−2
2.2.2.2	母线、架构、设备外绝缘技术管理	30			
2.2.2.2.1	设备外绝缘技术档案管理	10	（1）查阅有关设备的技术档案（产品技术文件、图纸、安装调试报告、试验报告、设备台账、异动报告等）。 （2）设备外绝缘技术档案是否齐全并及时归档，内容是否完整、正确	（1）产品技术文件、图纸、安装调试报告、出厂及大修试验报告、异动报告未在规定时间内归档，每份扣5分。 （2）其他试验报告、设备台账、异动报告（部门保存）缺失或内容不完整，每份扣3分	（1）DL/T 1054—2007《高压电气设备绝缘技术监督规程》第8.1条； （2）Q/BJCE−219.17−24—2019《电气绝缘技术监督导则》第5.3.8条
2.2.2.2.2	电瓷外绝缘（包括变压器套管、断路器及均压电容等）爬距配置	10	（1）现场检查，查阅设备外绝缘台账、实测污秽度等有关资料。 （2）电瓷外绝缘（包括变压器套管、断路器及均压电容等）爬距配置是否不低于d级污区要求，外绝缘配置是否满足污区分布图要求及防覆冰（雪）闪络、大（暴）雨闪络要求，不满足要求的是否采用防污涂料、硅橡胶类防污闪产品或加强清扫等其他措施	（1）设备外绝缘配置不符合要求，不得分。 （2）已存在问题，未制定防污闪措施，扣5分	Q/BEH−211.10−18—2019《防止电力生产事故的重点要求及实施导则》第22.2.1.1条

序号	评价项目	标准分	查评方法及内容	评分标准	查评依据
2.2.2.2.3	易发生黏雪、覆冰的区域，支柱绝缘子及套管防止黏雪、覆冰措施	10	（1）查阅设备外绝缘台账等有关资料，本场站或上级反措要求及现场检查等。 （2）易发生黏雪、覆冰的区域，支柱绝缘子及套管是否在采用大小相间的防污伞形结构基础上，每隔一段距离采用一个超大直径伞裙（可采用硅橡胶增爬裙），以防止绝缘子上出现连续黏雪、覆冰	（1）应装设而未装设，且无安装计划，不得分。 （2）已制订安装计划，未按计划实施，扣5分	Q/BEH–211.10–18—2019《防止电力生产事故的重点要求及实施导则》第34.2.8.4条
2.2.2.3	母线、架构、设备外绝缘运行管理	35			
2.2.2.3.1	主系统、站用系统接线的运行方式	20	（1）查阅主系统、站用电系统接线图，根据运行方式调查了解是否存在造成非同期并列或可能造成全站停电的隐患；检查大型改造前是否具备容量核算报告。 （2）检查是否根据容量核查报告制定相应技术措施，是否制定了母线、站用电系统非正常运行方式安全措施；检查母线或站用电系统检修期间安全措施执行情况	（1）有重要隐患，不得分。 （2）大型改造前，无容量核查报告，不得分。 （3）未根据容量核查报告制定相应技术措施，不得分。 （4）存在造成非同期并列或扩大事故范围的隐患，严重威胁全站停电的隐患，不得分。 （5）未事先制定母线、站用电系统非正常运行方式安全措施，不得分；母线或站用电系统检修期间安全措施执行不到位或工作结束后未尽快恢复运行方式，扣5分	Q/BEH–211.10–18—2019《防止电力生产事故的重点要求及实施导则》第34.1.6条
2.2.2.3.2	电气一次系统图	10	（1）现场检查电气一次系统图及实际接线情况。 （2）电气一次系统模拟图板是否完善，且与实际接线相符	（1）电气一次系统图未及时更新，与现场实际接线存在严重问题，不得分。 （2）存在其他问题，每处扣5分	Q/BEH–211.10–18—2019《防止电力生产事故的重点要求及实施导则》第34.2.7.11条
2.2.2.3.3	常设标示牌	5	现场检查，常设标示牌（如屋外架构上的"禁止攀登，高压危险"、屋内间隔门上的"止步，高压危险"等标示牌）是否齐全、完整	（1）常设标示牌（如屋外架构上的"禁止攀登，高压危险"、屋内间隔门上的"止步，高压危险"等标示牌）不齐全、完整，每处扣2分。 （2）标示牌未按规范设置，每处扣2分。 （3）标示牌不清晰，颜色不正确，每处扣2分。 （4）高、低压设备未标示或相色不全，不得分	DL/T 1123—2009《火力发电企业生产安全设施配置》第5.3.1.12条
2.2.2.4	母线、架构及设备外绝缘检修管理	30			
2.2.2.4.1	电瓷外绝缘防污闪涂料	10	查阅清扫记录、憎水性试验报告，现场检查： （1）因系统运行方式、设备检修周期等问题，户外绝缘是否进行喷涂防污闪涂料工作，并定期进行防污闪涂料憎水性试验。 （2）对憎水性不合格的设备是否制订覆涂计划	（1）未开展防污闪涂料憎水性试验，扣5分。 （2）憎水性不合格，未制订覆涂计划，扣5分	DL/T 596—1996《电力设备预防性试验规程》表21

序号	评价项目	标准分	查评方法及内容	评分标准	查评依据
2.2.2.4.2	盐密测试	10	（1）查阅盐密测试记录和相关资料，调查了解，现场查问。 （2）是否定期监测污秽度并记录完整，测试方法是否符合要求	（1）未按规定开展污秽度测试工作，不得分。 （2）测试方法、测试时间不正确或记录不全，扣5分。 （3）设置的盐密监测点不符合要求，扣5分	DL/T 596—1996《电力设备预防性试验规程》
2.2.2.4.3	悬式绝缘子串绝缘检测及支柱绝缘子检查	10	查阅相关规定、悬式绝缘子串绝缘检测报告及支柱绝缘子定期检查记录： （1）悬式绝缘子串是否按规定检测零值、低值绝缘子。 （2）是否定期对母线支柱绝缘子、母线隔离开关支柱绝缘子进行检查。 （3）对于新安装的隔离开关，是否对隔离开关的中间法兰和根部进行无损探伤；对运行10年以上的隔离开关，是否每5年对隔离开关中间法兰和根部进行无损探伤	（1）未按规定检测零值、低值绝缘子，扣5分。 （2）未按规定检查母线支柱绝缘子、母线隔离开关支柱绝缘子，扣5分。 （3）未按要求探伤，不得分	（1）DL/T 596—1996《电力设备预防性试验规程》； （2）Q/BEH-211.10-18—2019《防止电力生产事故的重点要求及实施导则》第22.1.9、20.2.2.12条，表22-2
2.2.3	高压开关设备（含GIS）及防误闭锁装置	265			
2.2.3.1	高压开关设备（含GIS）及防误闭锁装置日常维护管理	125			
2.2.3.1.1	设备台账	5	现场检查设备责任标志及设备分工台账： （1）设备台账记录是否准确。 （2）新增设备验收后是否在规定的时间内完成设备异动后设备分工和相关资料的录入、更新工作	（1）未建立设备台账，不得分；设备台账记录不准确，每处扣2分。 （2）新增设备验收后未在规定的时间内完成设备异动后设备分工和相关资料的录入，每缺少一处扣2分	电监安全〔2011〕23号《发电企业安全生产标准化规范及达标评级标准》
2.2.3.1.2	防误闭锁装置维护管理	10	查阅防误闭锁装置维护检修制度，防误闭锁装置缺陷记录： （1）防误闭锁装置的维修责任制是否明确。 （2）防误闭锁装置是否良好	（1）防误闭锁装置的维修责任制不明确，不得分。 （2）防误闭锁装置存在缺陷，扣3分	Q/BEH-211.10-18—2019《防止电力生产事故的重点要求及实施导则》表20-2
2.2.3.1.3	高压配电室、变压器室及低压动力中心防小动物措施	5	现场检查，高压配电室、变压器室及低压动力中心防小动物措施是否完善	（1）高压配电室、变压器室及低压动力中心无防小动物措施，不得分。 （2）措施不完善（如挡板高度不够或未及时复位），扣2分	（1）DL/T 572—2010《电力变压器运行规程》第5.5条； （2）Q/BEH-211.10-18—2019《防止电力生产事故的重点要求及实施导则》第20.2.3.8条

续表

序号	评价项目	标准分	查评方法及内容	评分标准	查评依据
2.2.3.1.4	高压带电部分的固定遮栏尺寸、安全距离	5	检查相关规定，现场检查高压带电部分的固定遮栏尺寸、安全距离是否符合要求，是否齐全、完整、关严、上锁	（1）不满足要求，不得分。 （2）措施不完善，每处扣2分	DL/T 5352—2018《高压配电装置设计技术规程》第5.1、5.4条
2.2.3.1.5	高压配电室、变压器室及低压动力中心漏雨、漏水情况	5	现场检查高压配电室、变压器室及低压动力中心内有无漏雨、漏水情况	（1）存在漏水及漏雨现象，每处扣2分。 （2）有漏水及漏雨现象，没有采取措施，未列入整改计划，不得分。 （3）高压配电室、变压器室及低压动力中心内有水管道通过，不得分	DL/T 5352—2018《高压配电装置设计规范》第6.1.11条
2.2.3.1.6	户外安装的密度继电器防雨、防潮	5	现场检查，查看整改计划、整改记录，户外安装的密度继电器是否设置防雨罩；密度继电器防雨箱（罩）是否能将表、控制电缆接线端子一起放入，以防止指示表、控制电缆接线盒和充放气接口进水受潮	（1）未设置防雨罩，不得分。 （2）防雨措施不完善，扣2分	Q/BEH-211.10-18—2019《防止电力生产事故的重点要求及实施导则》第20.2.1.5条
2.2.3.1.7	开关设备机构箱、汇控箱驱潮防潮、防冻措施	5	现场检查，查看整改计划、整改记录，开关设备机构箱、汇控箱内是否有完善的驱潮防潮装置，以防止凝露造成二次设备损坏	（1）无驱潮防潮装置，不得分。 （2）驱潮防潮措施不完善，扣2分。 （3）防冻措施不完善，扣2分	Q/BEH-211.10-18—2019《防止电力生产事故的重点要求及实施导则》第20.2.1.5条
2.2.3.1.8	防止开关柜火灾蔓延措施	5	现场检查、查看整改计划、整改记录，为防止开关柜火灾蔓延，在开关柜的柜间、母线室之间及与本柜其他功能隔室之间是否采取有效的封堵隔离措施	（1）未执行反措要求且未制订整改计划，不得分。 （2）整改未按计划完成，扣2分	Q/BEH-211.10-18—2019《防止电力生产事故的重点要求及实施导则》第20.2.3.6条
2.2.3.1.9	断路器和隔离开关缺陷	15	（1）查阅断路器和隔离开关缺陷记录。 （2）断路器和隔离开关是否存在其他威胁安全运行的严重缺陷（如触头严重发热、严重漏油、SF₆系统泄漏超标、防慢分措施不落实、3～10kV小车开关柜绝缘距离不够、绝缘隔板材质不良等）	（1）任一台断路器存在严重缺陷，不得分。 （2）严重威胁升压站或厂用系统安全运行，未采取有效治理措施，不得分	Q/BJCE-218.17-03—2019《风力、光伏发电企业设备缺陷管理办法》
2.2.3.1.10	GIS、SF₆开关设备室安全防护	5	查阅有关规章制度，现场检查： （1）室内或地下布置的GIS、SF₆开关设备室，是否配置相应的SF₆泄漏检测报警、强力通风及氧含量检测系统。 （2）GIS室出入处是否有SF₆气体安全告知牌。 （3）是否配备有防毒面具、防护服、塑料手套等防护器具	（1）GIS室内通风设施工作不正常，不得分。 （2）无通风时间提示标志或SF₆气体安全告知牌，扣2分。 （3）未安装SF₆气体浓度自动检测报警装置或报警装置失效，不得分。 （4）GIS室进出处未配备有防毒面具、防护服、塑料手套等防护器具，扣2分。 （5）氧量检测元件未安装在SF₆开关设备室内最低处，不得分	Q/BEH-211.10-18—2019《防止电力生产事故的重点要求及实施导则》第20.2.1.10.2、33.1.9.7条，表20-1、表33-2

序号	评价项目	标准分	查评方法及内容	评分标准	查评依据
2.2.3.1.11	开关设备断口外绝缘	10	（1）查阅外绝缘台账、清扫记录，现场查看。 （2）开关设备断口外绝缘是否符合规定，否则应加强清扫工作或采用防污涂料等措施	断口外绝缘不符合规定且未采取措施，不得分	（1）电监安全〔2011〕23号《发电企业安全生产标准化规范及达标评级标准》第5.6.4.1.3条； （2）Q/BEH-211.10-18—2019《防止电力生产事故的重点要求及实施导则》第20.1.4条
2.2.3.1.12	隔离开关红外测温	5	查阅红外测试记录、缺陷记录： （1）是否定期对隔离开关接触部用红外测温仪测量温度。 （2）对温度异常情况是否加强检测和处理	（1）未定期测量温度，不得分。 （2）对温度异常情况未加强检测，扣3分。 （3）对严重和危急缺陷未处理，不得分。 （4）红外测温记录不符合要求，扣2分	（1）电监安全〔2011〕23号《发电企业安全生产标准化规范及达标评级标准》第5.6.4.1.3条； （2）DL/T 664—2016《带电设备红外诊断应用规范》
2.2.3.1.13	开关机构定期清扫、检查工作	5	查阅运行维护记录、缺陷记录： （1）是否定期清扫气动机构防尘罩、空气过滤器并排放储气罐内积水，定期检查液压机构回路有无渗漏油现象。 （2）发现缺陷是否及时处理	（1）未按规定开展清扫、检查工作，不得分。 （2）发现缺陷未及时处理，扣2分	电监安全〔2011〕23号《发电企业安全生产标准化规范及达标评级标准》第5.6.4.1.3条
2.2.3.1.14	隔离开关转动部件、接触部件、操作机构、机械及电气闭锁装置的检查和润滑	5	查阅有关规定、运行维护记录、试验记录，是否按规定对隔离开关转动部件、接触部件、操作机构、机械及电气闭锁装置的检查和润滑，并进行操作试验	（1）运行规程中无相关规定，不得分。 （2）未按规定对隔离开关相关部件进行检查和润滑，并进行操作试验，不得分	电监安全〔2011〕23号《发电企业安全生产标准化规范及达标评级标准》第5.6.4.1.3条
2.2.3.1.15	SF_6气体管理、运行及设备的气体监测和异常情况分析，SF_6密度继电器的定期校验	5	查阅有关规定、运行维护记录、SF_6密度继电器校验报告： （1）是否按规定开展SF_6气体管理、运行及设备的气体监测和异常情况分析。 （2）SF_6密度继电器是否定期校验	（1）气体管理、运行及设备的气体监测和异常情况分析不到位，扣3分。 （2）SF_6密度继电器未定期校验，不得分。 （3）SF_6气体含水量检测超期或不合格，不得分	（1）DL/T 259—2012《六氟化硫气体密度继电器校验规程》； （2）DL/T 595—2016《六氟化硫电气设备气体监督导则》
2.2.3.1.16	户外35kV及以上开关设备防误闭锁装置	10	查阅闭锁接线图或功能框图及现场检查： （1）户外35kV及以上开关设备是否实现了"四防"（防误分、误合断路器，防带负荷拉合隔离开关，防带电挂接地线，防带地线合断路器）。 （2）防误闭锁装置是否正常运行	主系统和厂用系统分别评分： （1）未装防误闭锁装置，且未全部加挂锁，不得分。 （2）虽已装设闭锁或全部加锁，但使用不正常，不得分	Q/BEH-211.10-18—2019《防止电力生产事故的重点要求及实施导则》表20-2

序号	评价项目	标准分	查评方法及内容	评分标准	查评依据
2.2.3.1.17	成套高压开关柜"五防"功能	20	查阅闭锁接线图或功能框图，现场检查： （1）成套高压开关柜"五防"功能是否齐全，性能是否良好，出线侧是否装设具有自检功能的带电显示装置并与线路侧接地开关实行联锁。 （2）母线室上方后盖是否有明显警示标识，以防止设备运行时误开后盖。 （3）站用变压器挂接地线时与电源侧断路器是否有防误联锁功能。 （4）站用电系统中如有保留带电部位（如负荷侧反送电、双电源供电）的停电检修工作，是否制订专项安全措施	（1）未装防误闭锁装置，且未全部加挂锁，不得分；虽已装设闭锁装置或全部加锁，但使用不正常，不得分。 （2）母线室上方后盖无防止设备运行时误开后盖的明显警示标识，扣5分。 （3）站用变压器无本体挂接地线与电源侧断路器的防误闭锁功能，扣5分。 （4）站用电系统中进行保留带电部位的停电检修工作时，未制订专项安全措施，扣5分	Q/BEH-211.10-18—2019《防止电力生产事故的重点要求及实施导则》附录2
2.2.3.2	高压开关设备及防误闭锁装置技术管理	65			
2.2.3.2.1	高压开关设备技术档案管理	10	查阅有关设备的技术档案（产品技术文件、图纸、安装调试报告、试验报告、设备台账、缺陷记录、异动报告等）是否齐全并及时归档，内容是否完整、正确	（1）产品技术文件、图纸、安装调试报告、出厂及大修试验报告、异动报告未在规定时间内归档，每份扣5分。 （2）其他试验报告、设备台账、缺陷记录、异动报告（部门保存）缺失或内容不完整，每份扣3分	（1）DL/T 1054—2007《高压电气设备绝缘技术监督规程》第8.1条； （2）Q/BJCE-219.17-24—2019《电气绝缘技术监督导则》第5.3.8条
2.2.3.2.2	高压开关设备选型及开关设备技术改造	10	查阅设计要求和断路器说明书，现场检查： （1）是否严格按照设计要求进行高压开关设备选型。 （2）对运行中不符合有关标准的开关是否及时进行改造。 （3）在改造以前是否加强对设备的运行监视和试验	（1）未严格按照设计要求进行高压开关设备选型，不得分。 （2）对运行中不符合有关标准要求的开关未及时进行改造，扣5分。 （3）在改造以前未加强对设备的运行监视和试验，扣5分	Q/BEH-211.10-18—2019《防止电力生产事故的重点要求及实施导则》第34.2.1.4条
2.2.3.2.3	断路器的容量和性能	10	（1）查阅断路器安装地点的短路容量与断路器铭牌的核算报告，是否满足短路容量要求。 （2）查阅断路器说明书，断路器切空载线路能力是否符合要求	（1）未按规定开展核算，系统接线变化、改造前未开展核算，不得分。 （2）短路容量核算不符合要求而未采取相应措施，不得分。 （3）断路器切空载线路能力不符合要求，扣5分	Q/BEH-211.10-18—2019《防止电力生产事故的重点要求及实施导则》第34.2.1.4条

序号	评价项目	标准分	查评方法及内容	评分标准	查评依据
2.2.3.2.4	SF$_6$密度继电器	10	查阅SF$_6$断路器出厂说明，现场查看；查看SF$_6$密度继电器技术规范和校验报告： （1）在出现低温天气的地区，SF$_6$断路器是否满足低温运行条件，是否采用低温型SF$_6$密度继电器，SF$_6$密度继电器是否经过低温精度校验。 （2）密度继电器是否装设在与断路器或GIS本体同一运行环境温度的位置，以保证其报警、闭锁触点正确动作。 （3）SF$_6$密度继电器与开关设备本体之间的连接方式是否满足不拆卸校验密度继电器的要求，220kV及以上GIS分箱结构的断路器每相是否安装独立的密度继电器	（1）在出现低温天气的地区，SF$_6$断路器不满足低温运行条件，不得分；未使用低温型密度继电器或低温型密度继电器无校验报告，不得分。 （2）未执行反措要求且未制订整改计划，不得分	Q/BEH－211.10－18—2019《防止电力生产事故的重点要求及实施导则》第20.2.1.5条
2.2.3.2.5	同一间隔内的多台隔离开关的电机电源设置情况	5	（1）现场检查，查看整改计划、整改记录。 （2）同一间隔内的多台隔离开关的电机电源，在端子箱内是否分别设置独立的开断设备，且标识清楚	（1）未执行反措要求且未制订整改计划，不得分。 （2）整改未按计划完成，扣2分	Q/BEH－211.10－18—2019《防止电力生产事故的重点要求及实施导则》第20.2.2.3条
2.2.3.2.6	高压开关柜内避雷器、电压互感器接入方式	5	（1）现场查看，查看图纸资料、整改计划、整改记录。 （2）高压开关柜内避雷器、电压互感器等柜内设备是否经隔离开关（或隔离手车）与母线相连	（1）未执行反措要求且未制订整改计划，不得分。 （2）整改未按计划完成，扣2分	Q/BEH－211.10－18—2019《防止电力生产事故的重点要求及实施导则》第20.2.3.10条
2.2.3.2.7	高压开关柜内的绝缘件阻燃情况	5	（1）查阅资料，现场检查，查看整改计划、整改记录。 （2）高压开关柜内的绝缘件（如绝缘子、套管、隔板和触头罩等）是否采用阻燃绝缘材料	（1）未执行反措要求且未制订整改计划，不得分。 （2）整改未按计划完成，扣2分	Q/BEH－211.10－18—2019《防止电力生产事故的重点要求及实施导则》第20.2.3.4条
2.2.3.2.8	防误闭锁装置电源的直流电源	5	（1）查看闭锁装置图纸资料，现场检查。 （2）防误闭锁装置电源是否使用专用的、与继电保护直流电源分开的电源	（1）未与继电保护的直流电源分开，不得分。 （2）防误闭锁装置电源图纸不全，扣3分	Q/BEH－211.10－18—2019《防止电力生产事故的重点要求及实施导则》第2.1.10条
2.2.3.2.9	断路器或隔离开关电气闭锁回路	5	（1）查看图纸资料及现场检查。 （2）断路器或隔离开关电气闭锁回路是否直接用断路器或隔离开关的辅助触点	（1）断路器或隔离开关电气闭锁回路使用重动继电器类元器件，或未使用断路器或隔离开关的辅助触点，不得分。 （2）断路器或隔离开关位置错误，与现场实际状态不相符，不得分	Q/BEH－211.10－18—2019《防止电力生产事故的重点要求及实施导则》第2.1.6条

序号	评价项目	标准分	查评方法及内容	评分标准	查评依据
2.2.3.3	高压开关及防误闭锁装置设备运行管理	45			
2.2.3.3.1	高压开关设备双重编号	10	现场检查： （1）高压开关设备（断路器、隔离开关及接地开关等）是否装设有双重编号（调度编号和设备、线路名称）的编号牌。 （2）标识号牌是否清晰、颜色正确	（1）有缺漏或错误（包括屋内开关柜后部应有的设备名称、编号），不得分。 （2）标识不清晰或颜色错误，每处扣2分	Q/BEH-211.10-18—2019《防止电力生产事故的重点要求及实施导则》表20-2第10项
2.2.3.3.2	盘柜的设备标识	10	现场检查，主控（含网控、单控、集控）内的控制盘，仪表盘上的控制开关、按钮、仪表、熔断器、二次回路的压板的名称是否齐全、清晰	（1）存在错误，不得分。 （2）有少数缺漏或不清，每处扣1分	DL/T 1123—2009《火力发电企业生产安全设施配置》第4.3.5条
2.2.3.3.3	防误闭锁装置的运行管理	10	检查防误装置运行规程： （1）是否制定和完善防误装置的运行规程。 （2）是否加强防误闭锁装置的运行管理，以确保防误闭锁装置正常运行	未制定和完善防误装置的运行规程及检修规程，不得分	Q/BEH-211.10-18—2019《防止电力生产事故的重点要求及实施导则》第2.1.3条
2.2.3.3.4	解锁工具（钥匙）使用和管理	15	检查现场集控室解锁工具管理规定，检查： （1）是否建立完善的解锁工具（钥匙）使用和管理制度。 （2）防误闭锁装置是否随意退出运行。 （3）停用防误闭锁装置时是否经本单位分管生产的副总经理或总工程师批准	（1）未建立完善的解锁工具（钥匙）使用和管理制度，不得分。 （2）防误闭锁装置随意退出运行，不得分。 （3）停用防误闭锁装置时未经本单位分管生产的副总经理或总工程师批准，不得分	Q/BEH-211.10-18—2019《防止电力生产事故的重点要求及实施导则》第2.1.4条
2.2.3.4	高压开关设备检修管理	30			
2.2.3.4.1	开关设备检修周期、检修项目	10	（1）查阅高压开关设备检修计划及周期、检修报告，查阅断路器台账。 （2）开关设备是否按规定的检修周期、实际累计短路开断电流及状态进行检修。 （3）断路器检修项目是否齐全无漏项，重要反措项目是否落实，是否超过规定的期限（包括故障切断次数超限）	（1）未制订检修计划，不得分。 （2）反措项目未落实或检修计划漏项严重，不得分。 （3）任一台断路器超过周期时间，或故障切断次数超限未修（经过诊断，且主管部门批准延期者除外），扣5分。 （4）检修工作有漏项，扣5分	

序号	评价项目	标准分	查评方法及内容	评分标准	查评依据
2.2.3.4.2	弹簧机构断路器机械特性试验	5	查看试验报告，弹簧机构断路器是否定期进行机械特性试验，测试其行程曲线或速度特性是否符合厂家要求	（1）未按规定开展试验，不得分。 （2）试验结果不合格未采取有效措施，不得分	Q/BEH-211.10-18—2019《防止电力生产事故的重点要求及实施导则》第20.2.1.6.5条
2.2.3.4.3	高压开关设备预防性试验	15	查阅高压开关设备预防性试验计划、试验报告、SF$_6$气体、表计校验报告和缺陷记录： （1）是否按规程制订预防性试验计划。 （2）电气预防性试验项目中是否有超限或不合格项目	（1）无预防性试验计划，不得分。 （2）任一台断路器超期6个月以上或存在漏试项目，扣5分。 （3）任一台断路器的重要项目不合格且未采取有效措施，不得分	DL/T 596—1996《电力设备预防性试验规程》第8章
2.2.4	过电压、避雷器及接地装置	165			
2.2.4.1	过电压、避雷器及接地装置日常维护管理	25			
2.2.4.1.1	设备台账	5	现场检查设备责任标识及检查设备分工台账： （1）设备台账记录是否准确。 （2）新增设备验收后是否在规定的时间内完成设备异动后设备分工和相关资料的录入、更新工作	（1）未建立设备台账，不得分；设备台账记录不准确，每处扣2分。 （2）新增设备验收后未在规定的时间内完成设备异动后设备分工和相关资料的录入，每缺少一处扣2分	电监安全〔2011〕23号《发电企业安全生产标准化规范及达标评级标准》第5.6.1.2条
2.2.4.1.2	避雷器设备	10	现场查看，查阅缺陷记录，避雷器设备是否存在严重缺陷（瓷套基座、法兰裂纹，绝缘外表面有放电、均压环歪斜）	存在严重缺陷，不得分	（1）Q/BJCE-218.17-03—2019《风力、光伏发电企业设备缺陷管理办法》； （2）Q/BJCE-218.17-04—2019《风力、光伏发电企业运行管理规定》
2.2.4.1.3	接地引下线	5	现场查看，查阅缺陷记录： （1）接地引下线是否有开断、松脱或严重腐蚀等现象，如发现接地网腐蚀较为严重，是否及时进行处理。 （2）接地引下线的螺栓连接和焊接是否符合要求	（1）接地引下线有开断、松脱或严重腐蚀，不得分。 （2）接地网腐蚀严重未处理或未制订改造措施，不得分。 （3）接地引下线的螺栓连接和焊接不符合标准要求，每处扣1分	（1）Q/BJCE-218.17-04—2019《风力、光伏发电企业运行管理规定》； （2）Q/BEH-211.10-18—2019《防止电力生产事故的重点要求及实施导则》第21.2.1.8条

序号	评价项目	标准分	查评方法及内容	评分标准	查评依据
2.2.4.1.4	110～220kV 不接地变压器中性点过电压保护间隙	5	现场查看，查阅缺陷记录，110～220kV 不接地变压器中性点过电压保护间隙动作后是否检查烧蚀情况并校核间隙距离	保护间隙存在烧蚀情况且未校核间隙距离，不得分	Q/BEH−211.10−18−2019《防止电力生产事故的重点要求及实施导则》第21.1.3.2 条
2.2.4.2	过电压、避雷器及接地装置技术管理	90			
2.2.4.2.1	技术档案管理	10	查阅有关设备的技术档案（产品技术文件、图纸、安装调试报告、试验报告、设备台账、缺陷记录、异动报告等）是否齐全并及时归档，内容是否完整、正确	（1）产品技术文件、图纸、安装调试报告、出厂及大修试验报告、异动报告未在规定时间内归档至档案室，每份扣 5 分。 （2）其他试验报告、设备台账、缺陷记录、异动报告（部门保存）缺失或内容不完整，每份扣 3 分	（1）DL/T 1054−2007《高压电气设备绝缘技术监督规程》第8.1 条； （2）Q/BJCE−219.17−24−2019《电气绝缘技术监督导则》第5.3.8 条
2.2.4.2.2	防止接地网和过电压事故措施	10	检查是否按 Q/BEH−211.10−18−2019《防止电力生产事故的重点要求及实施导则》的规定，结合风电场设备实际制订落实防止接地网和过电压事故措施	（1）未制定防止接地网和过电压事故措施，不得分。 （2）措施内容缺失，每份扣 5 分。 （3）措施制定不完善，每处扣 2 分。 （4）未制定防止接地网和过电压事故现场处置方案，无演练记录，每缺少一项扣 5 分	Q/BEH−211.10−18−2019《防止电力生产事故的重点要求及实施导则》附录 21
2.2.4.2.3	风电场直击雷防护	10	（1）查阅户外设备直击雷保护范围图纸，现场查看户外配电装置防直击雷保护装置情况。 （2）风电场直击雷防护是否满足有关规程要求，图纸资料是否齐全	（1）存在直击雷防护的空白点，或设计、安装不符合安全要求，不得分。 （2）无图纸资料，扣 5 分。 （3）未按规定加装防直击雷保护装置，扣 5 分	GB/T 50064−2010《交流电气装置的过电压保护和绝缘配合设计规范》第5.4 条
2.2.4.2.4	雷电侵入波保护	10	（1）查阅风电场过电压保护设计接线图及避雷器等保护装置的试验资料，现场查看防雷电波保护装置情况。 （2）雷电侵入波保护是否满足站内被保护设备、设施的安全运行要求。 （3）敞开式变电站是否按反措要求在 110kV 以上进出线间隔入口处加装金属氧化物避雷器	（1）无图纸或资料不全，不得分。 （2）未按规定加装金属氧化物避雷器，不得分	（1）GB/T 50064−2010《交流电气装置的过电压保护和绝缘配合设计规范》第5.4 条； （2）Q/BEH−211.10−18−2019《防止电力生产事故的重点要求及实施导则》第21.1.2.2 条
2.2.4.2.5	暂态过电压、操作过电压保护	10	（1）查阅风电场过电压保护接线图及过电压保护装置的试验资料，现场查看暂态过电压、操作过电压保护装置情况。 （2）暂态过电压、操作过电压保护装置是否满足被保护设备的安全运行要求	（1）无图纸或资料不全，不得分。 （2）不符合要求存在严重缺陷，不得分	

续表

序号	评价项目	标准分	查评方法及内容	评分标准	查评依据
2.2.4.2.6	110kV 及以上变压器中性点过电压保护	5	（1）查阅 110kV 及以上变压器图纸资料，现场检查变压器中性点过电压保护设备情况。 （2）110kV 及以上变压器中性点过电压保护是否完善	存在严重缺陷和问题（如棒间隙距离或避雷器不符合要求等），不得分	（1）DL/T 620—1997《交流电气装置的过电压保护和绝缘配合》第 3.1 条； （2）Q/BEH-211.10-18—2019《防止电力生产事故的重点要求及实施导则》第 21.1.3.2 条
2.2.4.2.7	变压器中性点接地引下线	5	查阅资料，现场检查，变压器中性点是否有两根与主接地网不同地点连接的接地引下线，每根接地引下线是否符合热稳定要求	（1）变压器中性点未采取两根引下线接地，不得分。 （2）不符合热稳定的要求，扣 2 分	Q/BEH-211.10-18—2019《防止电力生产事故的重点要求及实施导则》表 21-1
2.2.4.2.8	重要设备及设备架构接地引下线	5	查阅资料，现场检查，重要设备及设备架构等是否有两根与主接地网不同地点连接的接地引下线，每根接地引下线是否符合热稳定要求，连接引线是否便于定期进行检查测试	（1）重要设备及设备架构等未采取两根引下线接地，不得分。 （2）不符合热稳定的要求，扣 2 分	Q/BEH-211.10-18—2019《防止电力生产事故的重点要求及实施导则》表 21-1
2.2.4.2.9	接地装置（包括设备接地引下线）的热稳定容量校核	10	查阅有关接地装置热稳定校验计算资料，现场检查，是否每年根据变电站短路容量的变化校核接地装置（包括设备接地引下线）的热稳定容量，是否结合短路容量变化情况和接地装置的腐蚀程度有针对性地对接地装置改造	（1）未开展热稳定性校核，不得分。 （2）导体截面积不符合要求，不得分。 （3）发现问题未采取有效改造措施，不得分。 （4）热稳定性校核电压等级不全、参数使用不对，每少、错一项扣 2 分	（1）GB/T 50065—2011《交流电气装置的接地设计规范》； （2）Q/BEH-211.10-18—2019《防止电力生产事故的重点要求及实施导则》表 21-2
2.2.4.2.10	高土壤电阻率地区的接地网	5	查阅接地电阻测试报告，对于高土壤电阻率地区的接地网，在接地电阻难以满足要求时，是否有完善的均压及隔离措施	高土壤电阻率地区的接地网电阻不符合要求，而又未采取均压及隔离措施，不得分	Q/BEH-211.10-18—2019《防止电力生产事故的重点要求及实施导则》表 21-1
2.2.4.2.11	110kV 及以上金属氧化物避雷器在线泄漏电流检测装置	10	现场检查 110kV 及以上金属氧化物避雷器是否安装在线泄漏电流检测装置	未安装在线泄漏电流检测装置，不得分	Q/BEH-211.10-18—2019《防止电力生产事故的重点要求及实施导则》第 21.1.6.3 条
2.2.4.3	过电压、避雷器与接地装置运行管理	10			
2.2.4.3.1	避雷器在线监测装置	10	查阅巡检记录，现场查看，避雷器在线监测装置指示是否正常（应每天巡视一次，每半月记录一次）	（1）避雷器在线监测装置指示异常，每台扣 2 分。 （2）未按要求巡视、记录，不得分	Q/BEH-211.10-18—2019《防止电力生产事故的重点要求及实施导则》第 21.1.6.3 条

序号	评价项目	标准分	查评方法及内容	评分标准	查评依据
2.2.4.4	过电压与接地装置检修管理	40			
2.2.4.4.1	接地网接地电阻	5	查阅预防性试验报告、检测记录： （1）是否按要求定期测试接地网接地电阻值。 （2）接地电阻不合格是否采取有效的治理措施	（1）未按要求检测接地网接地电阻，不得分。 （2）接地电阻试验不符合要求，未采取完善的均压及隔离措施，扣3分	（1）DL/T 475—2017《接地装置特性参数测量导则》； （2）DL/T 596—1996《电力设备预防性试验规程》表46
2.2.4.4.2	接地网的腐蚀情况	5	查阅接地网开挖检查记录： （1）是否定期通过开挖抽查等手段确定接地网的腐蚀情况（铜质材料接地体的接地网不必定期开挖检查）。 （2）新建、改扩建工程地网是否有隐蔽工程图像资料	（1）运行5年以上未开挖，不得分。 （2）2014年4月后新建、改扩建工程地网无隐蔽工程图像资料，扣5分	Q/BEH-211.10-18—2019《防止电力生产事故的重点要求及实施导则》第21.2.1.7、21.2.1.11条
2.2.4.4.3	接地装置引下线的导通检测	5	查阅接地导通试验报告： （1）是否每年进行一次接地装置引下线的导通检测工作。 （2）检测方法是否正确、规范。 （3）检测是否使用专用的接地导通测试仪器。 （4）是否根据历年测量结果分析比较	（1）未按周期进行接地引下线的导通检测工作，不得分。 （2）测量时未正确设置参考点，扣2分。 （3）未使用专用的接地导通测试仪器，扣2分。 （4）测量结果分析不到位，扣2分。 （5）未按DL/T 475—2017《接地装置特性参数测量导则》第5.2条a）、b）款要求，测量变电站各电压等级的场区之间、各局域地网与主地网之间导通电阻，每项扣2分。 （6）有两根接地引下线的设备只测一根导通电阻，扣2分	（1）DL/T 596—1996《电力设备预防性试验规程》表46； （2）DL/T 475—2017《接地装置特性参数测量导则》第5.2条a）、b）款； （3）Q/BEH-211.10-18—2019《防止电力生产事故的重点要求及实施导则》第21.2.1.11条
2.2.4.4.4	独立避雷针接地电阻	5	查阅接地电阻测试报告： （1）独立避雷针是否单独进行接地电阻测试。 （2）接地电阻是否符合要求	（1）独立避雷针未单独进行接地测试，不得分。 （2）独立避雷针接地电阻不符合要求，每处扣2分。 （3）未测独立避雷针与主地网的导通电阻，扣3分。 （4）独立避雷针与主地网的导通电阻测试方法和数值不正确，扣2分	（1）DL/T 596—1996《电力设备预防性试验规程》表46第9项； （2）DL/T 475—2017《接地装置特性参数测量导则》第5.2条
2.2.4.4.5	避雷器交接及预防性试验	10	检查试验报告，避雷器交接及预防性试验项目是否齐全，试验数据是否符合要求	（1）试验项目缺项，不得分。 （2）试验报告不符合要求，每项扣2分	DL/T 596—1996《电力设备预防性试验规程》第14章
2.2.4.4.6	110kV及以上避雷器带电测试	10	检查避雷器带电测试报告： （1）是否每年雷雨季节前后开展110kV及以上避雷器运行中带电测试。 （2）试验结果是否符合要求	（1）未按要求进行测试，不得分。 （2）测试结果不符合要求，且未采取加强监督措施，扣5分	（1）DL/T 596—1996《电力设备预防性试验规程》表40第3项； （2）Q/BEH-211.10-18—2019《防止电力生产事故的重点要求及实施导则》表21-2、第21.1.6条

续表

序号	评价项目	标准分	查评方法及内容	评分标准	查评依据
2.2.5	互感器、耦合电容器和套管	140			
2.2.5.1	互感器、耦合电容器和套管日常维护管理	30			
2.2.5.1.1	设备台账	5	现场检查设备责任标识及检查设备分工台账： （1）设备台账记录是否准确。 （2）新增设备验收后是否在规定的时间内完成设备异动后设备分工和相关资料的录入、更新工作	（1）未建立设备台账，不得分。 （2）设备台账记录不准确，每处扣2分。 （3）新增设备验收后未在规定的时间内完成设备异动后设备分工和相关资料的录入，每缺少一处扣2分	电监安全〔2011〕23号《发电企业安全生产标准化规范及达标评级标准》第5.6.1.2条
2.2.5.1.2	油浸式互感器和套管外观	5	现场查看，查阅巡检和维护记录，油浸式互感器和套管外观是否完整无损、连接牢靠，外绝缘表面是否清洁、无裂纹和放电	发现缺陷，每处扣2分	Q/BJCE-218.17-04-2019《风力、光伏发电企业运行管理规定》
2.2.5.1.3	油浸式互感器和套管油位	5	现场查看、查阅巡检，维护记录，油浸式互感器和套管油位是否正常、无渗油，金属膨胀器是否正常	发现缺陷，每处扣2分	Q/BJCE-218.17-04-2019《风力、光伏发电企业运行管理规定》
2.2.5.1.4	SF_6气体绝缘互感器压力表和气体密度继电器指示	5	现场查看，查阅巡检和维护记录： （1）SF_6气体绝缘互感器压力表和气体密度继电器指示是否正常，SF_6气体年漏气率是否小于0.5%，并按要求补气。 （2）室外安装的SF_6密度继电器和压力表是否安装防雨罩	（1）存在压力表和密度继电器指示不正常，每处扣2分。 （2）室外安装的SF_6密度继电器和压力表未安装防雨罩，扣2分	Q/BJCE-218.17-04-2019《风力、光伏发电企业运行管理规定》
2.2.5.1.5	环氧浇注互感器缺陷	5	现场查看，查阅巡检和维护记录，环氧浇注互感器有无过热、异常振动和声响；外绝缘表面有无积灰、开裂，无放电	发现缺陷，每处扣2分	Q/BJCE-218.17-04-2019《风力、光伏发电企业运行管理规定》
2.2.5.1.6	引线端子连接情况	5	现场查看，查阅红外检测记录，引线端子是否过热，接头螺栓有无松动	（1）红外测温和记录不符合要求，不得分。 （2）发现缺陷，每处扣2分	Q/BJCE-218.17-04-2019《风力、光伏发电企业运行管理规定》
2.2.5.2	互感器、耦合电容器、套管技术管理	40			

序号	评价项目	标准分	查评方法及内容	评分标准	查评依据
2.2.5.2.1	互感器、耦合电容器、套管等设备技术档案	10	（1）查阅有关设备的技术档案（产品技术文件、图纸、安装调试报告、试验报告、设备台账、缺陷记录、异动报告等）。 （2）互感器、耦合电容器、套管等设备技术档案是否齐全并及时归档，内容是否完整、正确	（1）产品技术文件、图纸、安装调试报告、出厂及大修试验报告、缺陷记录、异动报告未在规定时间内归档至档案室，每份扣5分。 （2）其他试验报告、设备台账、异动报告（部门保存）缺失或内容不完整，每份扣3分	（1）DL/T 1054—2007《高压电气设备绝缘技术监督规程》第8.1条； （2）Q/BJCE-219.17-24—2019《电气绝缘技术监督导则》第5.3.8条
2.2.5.2.2	油浸式互感器金属膨胀器	10	查看厂家资料，查看整改计划、整改记录，油浸式互感器是否选用带金属膨胀器微正压结构形式	（1）未执行反措要求的且未制订整改计划，不得分。 （2）整改未按计划完成，扣5分	Q/BEH-211.10-18—2019《防止电力生产事故的重点要求及实施导则》第19.1.8.1.1条
2.2.5.2.3	电流互感器的动热稳定性能	10	（1）查看图纸及设计资料，查看整改计划、整改记录。 （2）所选用电流互感器的动热稳定性能是否满足安装地点系统短路容量的要求，一次绕组串联时是否满足安装地点系统短路容量的要求	（1）未执行反措要求且未制订整改计划，不得分。 （2）整改未按计划完成，扣5分。 （3）未进行短路容量计算，扣5分	Q/BEH-211.10-18—2019《防止电力生产事故的重点要求及实施导则》第19.1.8.1.2条
2.2.5.2.4	电容式电压互感器的中间变压器高压侧	5	（1）查看厂家资料、整改计划、整改记录。 （2）电容式电压互感器的中间变压器高压侧不应装设金属氧化物避雷器（MOA）	（1）未执行反措要求的且未制订整改计划，不得分。 （2）整改未按计划完成，扣2分	Q/BEH-211.10-18—2019《防止电力生产事故的重点要求及实施导则》第19.1.8.1.3条
2.2.5.2.5	110～500kV 互感器出厂试验	5	（1）查阅出厂试验报告。 （2）110～500kV 互感器在出厂试验时，是否逐台进行全部出厂试验（包括高电压下的介质损耗、局部放电及耐压试验等），并不得以抽检方式代替	每一件不符合要求，扣1分	Q/BEH-211.10-18—2019《防止电力生产事故的重点要求及实施导则》第19.1.8.2.4条
2.2.5.3	互感器、耦合电容器和套管运行管理	30			
2.2.5.3.1	互感器、耦合电容器和套管密封情况	10	检查巡视记录及检修记录： （1）互感器、耦合电容器和穿墙套管是否有渗漏油现象，油位指示是否清晰、正常。 （2）对运行中渗漏油的互感器，是否根据情况限期处理，且必要时进行油样分析。 （3）油浸式互感器严重漏油及电容式电压互感器电容单元漏油是否立即停止运行	（1）未按规定开展巡视，不得分。 （2）发现问题，未采取有效措施，不得分	Q/BEH-211.10-18—2019《防止电力生产事故的重点要求及实施导则》第19.1.8.1.18条

序号	评价项目	标准分	查评方法及内容	评分标准	查评依据
2.2.5.3.2	互感器内部缺陷及异常情况	10	现场检查，查看设备缺陷记录，运行中互感器的膨胀器异常伸长顶起上盖时是否立即退出运行，互感器出现异常响声时是否退出运行，电压互感器二次电压异常时是否迅速查明原因并及时处理	（1）运行中互感器的膨胀器异常伸长顶起上盖时未立即退出运行，互感器出现异常响声时未退出运行，电压互感器二次电压异常时未迅速查明原因并及时处理等，不得分。 （2）存在一般缺陷未及时处理，扣 5 分	Q/BEH－211.10－18－2019《防止电力生产事故的重点要求及实施导则》第 19.1.8.1.20 条
2.2.5.3.3	SF$_6$绝缘互感器压力	10	查阅缺陷记录、SF$_6$密度继电器和压力表校验报告，现场检查运行巡视检查记录	（1）未按规定开展巡视，不得分。 （2）发现问题，未采取有效措施，不得分	Q/BEH－211.10－18－2019《防止电力生产事故的重点要求及实施导则》第 19.1.8.2.11 条
2.2.5.4	互感器、耦合电容器和套管检修管理	40			
2.2.5.4.1	绝缘油检测	10	查阅绝缘油检测报告： （1）是否按规定对绝缘油进行检测。 （2）当油中溶解气体色谱分析异常，含水量、含气量、击穿强度等项目试验不合格时，是否分析原因并及时处理	（1）未按规定开展绝缘油检测工作，不得分。 （2）绝缘油试验项目存在不合格项，监测措施不到位，扣 2 分	（1）DL/T 722－2014《变压器油中溶解气体分析和判断导则》第 5、9、10 章； （2）DL/T 596－1996《电力设备预防性试验规程》第 7、9 章
2.2.5.4.2	预防性试验	10	（1）查阅预防性试验计划、预防性试验报告。 （2）预防性试验是否有超期、超限或不合格的项目，预防性试验是否按照 DL/T 596－1996《电力设备预防性试验规程》的规定及制造厂的要求进行。 （3）SF$_6$密度继电器是否定期校验	（1）无预防性试验计划，不得分。 （2）未按计划开展试验，不得分。 （3）任一台设备项目不合格，超期 6 个月以上，不得分。 （4）SF$_6$密度继电器未定期校验，扣 5 分	DL/T 596－1996《电力设备预防性试验规程》第 7、9 章
2.2.5.4.3	红外测温工作	10	查阅红外测试记录及缺陷记录： （1）是否按规定开展红外测温工作。 （2）红外测温发现的异常是否分析并采取加强监督措施	（1）红外测温和记录不符合要求，不得分。 （2）发现异常情况，监测措施不到位，扣 2 分	DL/T 664－2016《带电设备红外诊断应用规范》表 I.1
2.2.5.4.4	互感器检修项目、内容、工艺及质量	10	（1）查阅检修作业文件包、检修记录。 （2）互感器检修项目、内容、工艺及质量是否符合 DL/T 727－2013《互感器运行检修导则》的要求（110kV 及以上电压等级互感器不应进行现场解体检修）	（1）检修项目、内容、工艺及质量不符合 DL/T 727－2013《互感器运行检修导则》的要求，不得分。 （2）检修作业指导书缺项或 W/H 点设置不正确，扣 5 分	DL/T 727－2013《互感器运行检修导则》第 9、10、11 章
2.2.6	无功补偿设备	175			
2.2.6.1	日常维护管理	60			

续表

序号	评价项目	标准分	查评方法及内容	评分标准	查评依据
2.2.6.1.1	无功补偿装置运行温度	10	（1）检查红外测温记录（包括环境温度、检测时负荷电流、测点温度、使用仪器等）。 （2）电容器电抗器本体、引线接头处、其他附件是否有过热现象	（1）红外测温记录不全或不完整，每处扣1分。 （2）存在超温未处理情况，每次扣5分	DL/T 664—2016《带电设备红外诊断应用规范》附录H、附录I
2.2.6.1.2	电容器外观检查	20	（1）现场检查，检查运行记录、缺陷记录。 （2）电容器外壳是否有明显变形，外表有无锈蚀。 （3）电容器是否有渗漏油。 （4）电容器套管是否完好，有无破损、漏油	（1）运行记录、缺陷记录不全或不准确，扣5分。 （2）每发现一处缺陷，扣1分。 （3）发现缺陷未处理，每次扣5分	DL/T 604—2009《高压并联电容器装置使用技术条件》第5、8章，第9.4条
2.2.6.1.3	充油电抗器	10	现场检查，检查运行记录、缺陷记录： （1）充油电抗器油位、油温是否异常。 （2）充油电抗器是否存在漏油现象	（1）运行记录、缺陷记录不全或不准确，每处扣1分。 （2）发现缺陷，每处扣1分。 （3）发现缺陷未处理，每次扣5分	JB/T 5346—2014《高压并联电容器用串联电抗器》第6.2.2条
2.2.6.1.4	电容器外熔断器运行状况	10	（1）现场检查，检查产品说明书、运行记录、缺陷记录。 （2）熔断器选型、熔丝额定电流值选择以及熔断器外管、弹簧尾线等安装方式（角度）是否满足有关规程及安装使用说明书的规定。 （3）户外用熔断器是否运行超过5年	（1）运行记录、缺陷记录不全或不准确，每处扣1分。 （2）熔断器安装方式不正确，不得分。 （3）发现影响熔断器正常工作的缺陷未处理，每次扣5分。 （4）户外用熔断器超期未更换，不得分	国能安全（2014）161号《防止电力生产事故的二十五项重点要求》第20.2.3.2、20.2.3.4条
2.2.6.1.5	电抗器运行状况	10	现场检查，检查运行记录、缺陷记录： （1）电抗器表面涂层是否破损、脱落或龟裂。 （2）是否有异常声响。 （3）抱箍、线夹是否有裂纹、过热现象。 （4）引线是否有散股、扭曲、断股现象。 （5）包封与支架间紧固带是否松动、断裂，撑条是否脱落。 （6）支撑绝缘子是否破损、裂纹	（1）运行记录、缺陷记录不全或不准确，每处扣1分。 （2）发现缺陷，每处扣1分。 （3）发现缺陷未处理，每次扣5分	Q/BJCE-218.17-03-2019《风力、光伏发电企业设备缺陷管理办法》
2.2.6.2	技术管理	105			
2.2.6.2.1	设备的技术档案	5	查阅有关资料，设备的技术档案（产品技术文件、图纸、安装调试报告、试验报告、设备台账、异动报告等）是否齐全，内容是否完整、正确	产品技术文件、图纸、安装调试报告、出厂及交接试验报告、异动报告不完整，每份扣1分	DL/T 1054—2007《高压电气设备绝缘技术监督规程》

序号	评价项目	标准分	查评方法及内容	评分标准	查评依据
2.2.6.2.2	风电场升压站无功补偿装置配置	10	查阅产品说明书、图纸、台账，现场检查风电场升压站无功补偿装置配置是否符合以下要求： （1）对于直接接入公共电网的风电场，其配置的容性无功容量能够补偿风电场满发时场内汇集线路、主变压器的感性无功及风电场送出线路的一半感性无功之和，其配置的感性无功容量能够补偿风电场自身的容性充电无功功率及风电场送出线路的一半充电无功功率。 （2）对于通过 220kV（或 330kV）风电汇集系统升压至 500kV（或 750kV）电压等级接入公共电网场站，其配置的容性无功容量能够补偿风电场满发时场内汇集线路、主变压器的感性无功及场站送出线路的全部感性无功之和，其配置的感性无功容量能够补偿场站自身的容性充电无功功率及场站送出线路的全部充电无功功率	（1）风电场升压站未安装无功补偿装置，不得分。 （2）安装但不满足配置要求，不得分	GB/T 19963—2011《风电场接入电力系统技术规定》第 7.2 条
2.2.6.2.3	无功电压控制系统	10	查阅产品说明书、台账、运行规程、运行记录： （1）风电场是否配置无功电压控制系统，并具备无功功率调节及电压控制能力。 （2）是否按电力调度部门的指令实现对并网点电压的控制。 （3）现场检查装置是否按规定正常投运	（1）无功补偿设备不具备功能，不得分。 （2）未按电力调度部门的规定按时投入或切除备用，每次扣 5 分。 （3）记录不全或不准确，每处扣 1 分	GB/T 19963—2011《风电场接入电力系统技术规定》第 8 章
2.2.6.2.4	无功补偿装置无功输出能力	10	查阅设备说明书、图纸、台账、出厂报告及调试报告，现场检查无功补偿装置无功输出能力是否满足以下要求： （1）无功输出能连续平滑的从容性满发变化到感性满发，从感性满发变化到容性满发。 （2）无功补偿装置可在恒无功、恒电压及恒功率因数控制模式之间灵活、平稳切换	（1）设备说明书、图纸、台账、出厂报告及调试报告不全或不完整，每处扣 1 分。 （2）无功补偿装置连续可调不满足要求，扣 5 分。 （3）无功补偿装置调节方式不满足要求，扣 5 分	Q/GDW 11064—2013《风电场无功补偿装置技术性能和测试规范》第 4 章
2.2.6.2.5	无功补偿装置输出偏差	10	查阅设备说明书、图纸、台账、出厂报告及调试报告，现场检查无功补偿装置输出偏差是否满足以下要求：	（1）设备说明书、图纸、台账、出厂报告及调试报告不全或不完整，每处扣 1 分。	Q/GDW 11064—2013《风电场无功补偿装置技术性能和测试规范》第 4 章

序号	评价项目	标准分	查评方法及内容	评分标准	查评依据
2.2.6.2.5	无功补偿装置输出偏差	10	（1）恒无功运行模式且系统稳态下，无功输出和设定值之间偏差的绝对值不大于设定值的5%，或不大于额定感性输出容量的2%。 （2）恒电压运行模式且系统稳态下，并网点电压与设定值的控制偏差的绝对值不大于设定值的1%。 （3）恒功率因数运行模式且系统稳定下，功率因数波动范围小于或等于3%	（2）无功补偿装置输出偏差不满足电网公司要求，不得分	Q/GDW 11064—2013《风电场无功补偿装置技术性能和测试规范》第4章
2.2.6.2.6	无功补偿装置响应时间	10	查阅设备说明书、图纸、台账、出厂报告及调试报告，无功补偿装置响应时间是否满足以下要求：无功补偿装置扰动检测时间小于或等于15ms，控制系统响应时间小于或等于15ms，系统响应时间小于或等于30ms，系统调节时间小于或等于100ms	（1）设备说明书、图纸、台账、出厂报告及调试报告不全或不完整，每处扣1分。 （2）无功补偿装置响应时间不满足要求，不得分	Q/GDW 11064—2013《风电场无功补偿装置技术性能和测试规范》第4章
2.2.6.2.7	多套无功补偿装置协调控制能力	10	（1）查阅设备说明书、图纸、台账、出厂报告及检查无功补偿装置之间协调试验报告。 （2）同一升压站的多套无功补偿装置之间是否具备协调控制能力，其暂态响应是否满足同步性和一致性的要求	（1）设备说明书、图纸、台账、出厂报告及试验报告不全或不完整，每处扣1分。 （2）未做无功补偿装置之间协调试验，不得分。 （3）多套无功补偿装置协调控制能力不满足要求，不得分	Q/GDW 11064—2013《风电场无功补偿装置技术性能和测试规范》第4章
2.2.6.2.8	无功补偿装置欠电压和过电压运行能力	10	（1）查阅设备说明书、图纸、台账、出厂报告及保护定值。 （2）无功补偿装置是否具备欠电压和过电压运行能力，是否与风电机组的低电压和高电压穿越能力配合	（1）设备说明书、图纸、台账、出厂报告及保护定值不全或不完整，每处扣1分。 （2）无功补偿装置欠电压和过电压运行能力不满足要求，不得分	Q/GDW 11064—2013《风电场无功补偿装置技术性能和测试规范》第4章
2.2.6.2.9	电抗器安装方式	10	现场检查电抗器安装方式是否满足反措要求： （1）电容器组中，干式空芯电抗器是否安装在电容器组首端。 （2）新安装的干式空芯串联电抗器是否未采用三相叠装结构	2014年4月后新建或改造的无功设备，安装方式不满足要求，不得分	国能安全〔2014〕161号《防止电力生产事故的二十五项重点要求》第20.2.4条

续表

序号	评价项目	标准分	查评方法及内容	评分标准	查评依据
2.2.6.2.10	避雷器接线方式	10	现场检查避雷器接线方式是否满足反措要求： （1）电容器组过电压保护用金属氧化物避雷器是否安装在紧靠电容器组高压侧入口处位置。 （2）是否使用三避雷器连接方式，采用星形接线，中性点直接接地	安装方式不满足要求，不得分	国能安全〔2014〕161号《防止电力生产事故的二十五项重点要求》第20.2.6条
2.2.6.2.11	干式电抗器	10	查阅产品说明书、图纸，检查运行记录、缺陷记录，现场检查干式电抗器是否存在以下情况： （1）干式电抗器与周围设备、网栅的间距不满足厂家的要求值。 （2）网栅未采取断开磁路的措施，网栅等处存在发热现象	（1）运行记录、缺陷记录不全或不准确，每处扣1分。 （2）不满足要求，每处扣5分。 （3）发现缺陷未处理，每次扣5分	GB 50147—2010《电气装置安装工程 高压电器施工及验收规范》第10.0.4条
2.2.6.3	检修管理	10			
2.2.6.3.1	交接和预防性试验	10	查阅并联电容、电抗器等试验计划、交接和预防性试验报告	（1）缺少试验计划，扣5分。 （2）试验结果与前次相比超出标准要求又未分析，每处扣5分。 （3）超周期，每次扣5分。 （4）项目不全或任一项超标又未处理，不得分	（1）GB 50150—2016《电气装置安装工程 电气设备交接试验标准》第18章； （2）DL/T 596—1996《电力设备预防性试验规程》第6、12章
2.2.7	电缆、电缆用构筑物及集电线路	230			
2.2.7.1	日常维护管理	40			
2.2.7.1.1	电缆设备台账	5	现场检查设备责任标识及设备分工台账： （1）电缆设备台账记录是否准确。 （2）新增设备验收后是否在规定的时间内完成设备异动后设备分工和相关资料的录入、更新工作	（1）未建立设备台账，不得分；设备台账记录不准确，每处扣2分。 （2）新增设备验收后未在规定的时间内完成设备异动后设备分工和相关资料的录入，每缺少一处扣2分	电监安全〔2011〕23号《发电企业安全生产标准化规范及达标评级标准》第5.6.1.2条
2.2.7.1.2	电缆日常巡查	5	（1）查阅巡查规定及巡查记录，现场核对性巡查，是否至少检查1个电缆夹层、1条电缆主隧道及主控制室。 （2）是否按规定周期对电缆进行巡查，并做完整记录	（1）未开展，不得分。 （2）不规范或记录不完整，扣2分。 （3）现场核查发现的问题、缺陷记录未记录，每处扣2分	DL/T 1253—2013《电力电缆线路运行规程》第11章

序号	评价项目	标准分	查评方法及内容	评分标准	查评依据
2.2.7.1.3	控制室电缆孔洞封堵	5	现场检查控制室通向开关场的电缆孔洞是否封堵严密，是否符合要求	（1）不符合要求，每处扣2分。 （2）存在严重问题，不得分	Q/BEH-211.10-18—2019《防止电力生产事故的重点要求及实施导则》第1.1.2.6条
2.2.7.1.4	电缆隧道、电缆沟排水及清洁情况	5	现场检查电缆隧道、电缆沟堵漏及排水设施是否完好，有无积水、积油、积灰、积粉及杂物，电缆各沟道盖板及电缆夹层、竖井、电缆沟的门是否保持完好	（1）发现问题，每处扣2分。 （2）存在严重问题，不得分	Q/BEH-211.10-18—2019《防止电力生产事故的重点要求及实施导则》第1.1.2.14条
2.2.7.1.5	电缆夹层、电缆隧道照明情况	5	检查图纸资料，现场检查电缆夹层、电缆隧道照明是否齐全、良好，高度低于2.5m的夹层、隧道是否采用安全电压供电	（1）无照明系统图纸资料，不得分。 （2）使用电压不符合要求或照明发现严重问题，不得分。 （3）照明不完善，每处扣1分	DL/T 5390—2014《发电厂和变电站照明设计技术规定》表6.0.1-1
2.2.7.1.6	电缆终端过电压保护及金属屏蔽层接地	5	查阅设备台账，现场检查电缆终端过电压保护是否正确完好，统包型电缆的金属屏蔽层、金属护层两端是否直接接地	电缆终端过电压保护及金属屏蔽层接地不符合要求，不得分	国能安全〔2014〕161号《防止电力生产事故的二十五项重点要求》第17.1.7条
2.2.7.1.7	电缆终端预防性试验和清扫	5	查阅检修记录、预防性试验报告： （1）现场检查电缆终端套管外绝缘是否符合环境污秽等级要求，是否定期清扫。 （2）电缆终端是否定期进行预防性试验。 （3）电缆终端保护层保护器是否按要求进行试验	（1）现场检查无清扫记录，不得分。 （2）未定期清扫，扣3分。 （3）检查电缆的试验及检查记录存在缺项，扣2分。 （4）电缆终端保护层保护器未按规程要求进行试验，不得分	（1）DL/T 596—1996《电力设备预防性试验规程》第11章； （2）Q/BEH-211.10-18—2019《防止电力生产事故的重点要求及实施导则》第1.1.2.13、1.1.2.14条，表1-2
2.2.7.1.8	控制室电缆夹层附近及架空电缆附近堆放易燃、可燃物品情况	5	现场检查规定制度，控制室电缆夹层附近及架空电缆附近是否堆放易燃、可燃物品	（1）无相关规定，不得分。 （2）不符合要求，每处扣5分	Q/BEH-211.10-18—2019《防止电力生产事故的重点要求及实施导则》表1-2
2.2.7.2	技术管理	110			
2.2.7.2.1	电缆技术档案	10	（1）查阅电缆图纸资料，技术改造资料。 （2）具体电缆清册是否齐全、完整，清册内容是否有每根电缆编号、起止点、型式、电压、芯数、长度等，防火阻燃措施方案、设计安装图是否齐全	（1）无电缆清册、防火阻燃措施方案或电缆设计安装图，不得分。 （2）电缆清册、防火阻燃措施方案或电缆设计安装图不完善，每处扣3分	
2.2.7.2.2	电缆最大负荷核算	5	查阅有关核算资料，设备增容后电缆最大负荷是否超过电缆设计及环境温度、土壤热阻、多根电缆并行等系数后的允许载流量	（1）未进行核算（以计算书为准，并有负责人签字），不得分。 （2）发现重要问题，或发现问题但无整改措施，不得分	DL/T 5222—2005《导体和电器选择设计技术规定》第7.8条

续表

序号	评价项目	标准分	查评方法及内容	评分标准	查评依据
2.2.7.2.3	电缆竖井和电缆沟防火隔离措施	10	现场抽查电缆竖井和电缆沟是否分段做防火隔离，敷设在隧道的电缆是否采取分段阻燃措施	（1）不符合要求，每处扣5分。 （2）存在严重问题，不得分。 （3）基建期电缆竖井和电缆沟防火隔离遗留缺陷难以整改，未加强巡视检查，不得分	Q/BEH-211.10-18—2019《防止电力生产事故的重点要求及实施导则》第1.1.2.9条
2.2.7.2.4	电缆敷设情况	5	现场检查电缆敷设是否符合要求，是否布线整齐，各类电缆是否分层布置，电缆的弯曲半径是否符合要求，是否存在任意交叉情况	（1）不符合要求，每处扣2分。 （2）存在严重问题，不得分	Q/BEH-211.10-18—2019《防止电力生产事故的重点要求及实施导则》表1-1
2.2.7.2.5	控制电缆和动力电缆分层分竖井布置及设置耐火隔板情况	5	现场检查控制电缆和动力电缆间是否分层分竖井布置，两者之间是否设置耐火隔板	（1）不符合要求，每处扣5分。 （2）存在严重问题，不得分。 （3）基建期电缆竖井和电缆沟防火隔离遗留缺陷难以整改，未加强巡视检查，不得分	Q/BEH-211.10-18—2019《防止电力生产事故的重点要求及实施导则》表1-1
2.2.7.2.6	多个电缆头并排安装时，电缆头间隔板或填充阻燃材料情况	5	现场检查多个电缆头并排安装时，电缆头间是否有隔板或填充阻燃材料	（1）未采取措施，不得分。 （2）不符合要求，每处扣2分	Q/BEH-211.10-18—2019《防止电力生产事故的重点要求及实施导则》表1-1
2.2.7.2.7	非直埋电缆中间接头耐火防爆槽盒情况	5	（1）检查电缆中间接头台账，现场检查。 （2）电缆中间接头是否采用耐火防爆槽盒进行封闭	（1）未建立台账，不得分。 （2）记录不规范或不符合要求，每处扣2分	Q/BEH-211.10-18—2019《防止电力生产事故的重点要求及实施导则》表1-1
2.2.7.2.8	运行在潮湿或浸水环境中的110kV及以上电压等级电缆纵向阻水功能及电缆附件密封防潮情况	5	现场检查是否存在运行在潮湿或浸水环境中的110kV及以上电压等级电缆，是否具有纵向阻水功能，电缆附件是否密封防潮	运行在潮湿或浸水环境中的110kV及以上电压等级电缆不具有纵向阻水功能，电缆附件不能密封防潮，每处扣2分	国能安全（2014）161号《防止电力生产事故的二十五项重点要求》第17.1.6条
2.2.7.2.9	集电线路台账、图纸等基础技术资料	10	查阅相关技术资料	（1）有关图纸、技术资料短缺，不齐全、不完整，未建立台账，不得分。 （2）台账记录不规范，每处扣2分	DL/T 741—2019《架空输电线路运行规程》
2.2.7.2.10	集电线路设备技术性能	20	查阅缺陷记录，现场检查杆塔及基础、导地线、绝缘子、金具、接地装置等	不符合要求，每处扣2分	DL/T 741—2019《架空输电线路运行规程》
2.2.7.2.11	风力发电机动力电缆桥架防火措施	10	查阅图纸资料、现场检查是否符合以下要求：风力发电机动力电缆桥架内，不应布置齿轮箱辅助加热系统热力管道及液压系统油路管道等可能引起火灾的管道和设备	发现一处不符合要求，不得分	Q/BEH-211.10-18—2019《防止电力生产事故的重点要求及实施导则》表1-1

序号	评价项目	标准分	查评方法及内容	评分标准	查评依据
2.2.7.2.12	风力发电机组定、转子动力电缆阻燃措施	10	查阅图纸资料,现场检查风力发电机组定、转子动力电缆是否选用阻燃电缆,动力电缆中间接头绝缘材料是否选用阻燃材料制成的热缩套	发现一处不符合要求,不得分	Q/BEH-211.10-18—2019《防止电力生产事故的重点要求及实施导则》表1-1
2.2.7.2.13	风力发电机组定、转子接线箱及变频器低压柜等电缆孔洞和控制柜之间的缝隙封堵情况	10	现场检查风力发电机组定、转子接线箱及变频器低压柜等处的所有电缆孔洞和控制柜之间的缝隙是否采用合格的不燃或阻燃材料封堵	发现一处不符合要求,不得分	Q/BEH-211.10-18—2019《防止电力生产事故的重点要求及实施导则》表1-1
2.2.7.3	运行管理	50			
2.2.7.3.1	电缆及电缆用构筑物定期巡视检查制度	5	(1)查阅电缆巡视检查制度。 (2)是否建立电缆及电缆用构筑物定期巡视检查制度,明确责任人员、检查周期、标准、线路及发现问题的处置方案	未制定电缆巡视检查制度,不得分	
2.2.7.3.2	电缆红外测温	10	(1)查看红外测温规定,电缆红外测温记录,现场检查使用的红外测温设备。 (2)是否加强电缆线路负荷和温度的检(监)测以防止过负荷运行,多条并联的电缆是否分别进行测量,巡视过程中是否检测外露电缆附件、电缆中间接头、终端头、接地系统等关键触点的温度	(1)未制定红外测温规定,不得分。 (2)红外测温和记录不符合要求,不得分。 (3)使用的红外测温设备为非红外热像设备,扣5分。 (4)发现测温超标但未及时处理和制定措施,每条扣5分。 (5)红外测温记录内容缺失,或未及时存档,扣5分	(1)DL/T 1253—2013《电力电缆线路运行规程》; (2)国能安全(2014)161号《防止电力生产事故的二十五项重点要求》第17.1.15条
2.2.7.3.3	电缆标牌、标识	5	现场检查所有电缆标牌是否齐全,起、终点名称是否正确,直埋电缆沿线是否装设永久标识或路径感应标识	(1)现场检查通向电缆夹层、电缆沟道、电缆桥架的电缆的标牌不齐全,电缆未起、终点名称,每处扣2分。 (2)直埋电缆沿线未装设永久标识或路径感应标识,每处扣2分	Q/BEH-211.10-18—2019《防止电力生产事故的重点要求及实施导则》表2-1、表2-2
2.2.7.3.4	集电线路巡视及特巡制度	20	查阅相关资料,现场检查	(1)未制订巡视及特巡制度,不得分。 (2)未做记录,不得分;巡视记录不全,每处扣5分	DL/T 741—2019《架空输电线路运行规程》
2.2.7.3.5	集电线路相间、对地、交叉跨越距离	10	查阅有关图纸资料,现场检查	发现一处不符合要求,不得分	DL/T 741—2019《架空输电线路运行规程》
2.2.7.4	电缆及电缆用构筑物检修管理	30			

序号	评价项目	标准分	查评方法及内容	评分标准	查评依据
2.2.7.4.1	电缆定期检修、检验制度	5	查阅电缆检修、检验制度，是否建立电缆定期检修、检验制度，检修检验周期、检修检验标准是否符合要求	（1）无电缆检修检验制度，不得分。 （2）制度内容不符合要求，扣2分	
2.2.7.4.2	电缆检修的修前、修后评价	10	（1）查看机组修前与修后评价报告。 （2）电缆检修后机组是否连续180天无电缆设备原因造成的非计划停运	（1）未开展修前、修后评估，扣5分。 （2）机组检修后，因检修电缆原因未实行连续180天无故障运行，不得分	
2.2.7.4.3	2kV以上电力电缆预防性试验	5	查阅电缆预防性试验计划、试验记录和试验报告，110kV及以上是否全数查评，2kV及以上、35kV及以下是否抽查10%且不少于10条	（1）无计划，不得分。 （2）发现1条超过0.5个周期未试验，不得分。 （3）记录和报告不规范，每处扣1分	DL/T 596—1996《电力设备预防性试验规程》第11章
2.2.7.4.4	1kV以下动力电缆预防性试验	5	查阅有关动力电缆预防性试验计划（可含在主辅设备检修计划中）和试验记录，抽查20条电缆	（1）无计划，不得分。 （2）发现1条超过0.5个周期未试验，不得分。 （3）记录和报告不规范，每处扣1分	DL/T 596—1996《电力设备预防性试验规程》第11章
2.2.7.4.5	检修检验时，打开的电缆孔洞在人员离开时临时封堵情况	5	（1）现场检查电缆孔洞临时封堵情况。 （2）检修检验时，打开的电缆孔洞在人员离开时是否进行临时封堵	打开的电缆孔洞在人员离开时未进行临时封堵，不得分	DL 5027—2015《电力设备典型消防规程》第10.5.4条
2.2.8	电气一次设备检修管理	120			
2.2.8.1	检修项目、计划	25	主要检查风电场检修项目及计划执行情况： （1）检查检修计划是否合理，检修目标、进度、备件、材料、人工安排是否合理。 （2）检修项目是否完善，是否有缺项、漏项。 （3）检查修前、修后试验项目是否有缺项、漏项和不合格项。 （4）检查重大检修项目的专用工器具台账是否存在工器具应检未检项目。 （5）检查设备检修台账是否完善	（1）检修计划不完善，检修目标、进度、材料、人工和费用安排不合理，每处扣2分。 （2）检修项目不完善，存在缺项、漏项和不合格，每处扣2分。 （3）修前、修后试验项目，存在缺项、漏项和不合格项，每处扣2分。 （4）专用工器具存在工器具应检未检项目，每处扣2分。 （5）检查设备检修台账不完善，每缺少一项扣2分	
2.2.8.2	检修质量管理	25	查看设备检修管理制度及标准作业文件是否符合以下要求： （1）实行标准化检修管理，编制检修策划书，对专修技改项目制订安全组织措施、技术措施及施工方案。 （2）严格工艺要求和质量标准，实行检修质量控制和监督验收制度	（1）对专修技改项目未制订安全组织措施、技术措施及施工方案，每项扣5分。 （2）质量控制未严格执行验收制度，每项扣5分；执行不到位和验收资料不完整，每项扣2分	

序号	评价项目	标准分	查评方法及内容	评分标准	查评依据
2.2.8.3	检修记录	20	（1）检查检修记录是否覆盖设备检查、修理和复装的全过程。 （2）检修记录是否内容详细、字迹清晰、数据真实、测量分析准确，所有记录是否完整、正确、简明、实用	（1）设备检修记录不完善，每项扣 2 分；重要节点未能需要提供原始记录，扣 5 分。 （2）检修记录书写不清晰、数据不真实，每项扣 5 分，最高扣 10 分	
2.2.8.4	施工现场管理	30	（1）检修人员是否正确使用合格的劳保用品和工器具。 （2）检修现场的井、坑、沟及开凿的地面孔洞，是否设牢固围栏、照明及警示标识。 （3）检修现场是否落实易燃易爆危险物品和防火管理。 （4）现场作业是否履行工作票手续	（1）检修人员使用不合格的劳保用品和工器具，每项扣 10 分。 （2）检修现场无安全防护措施，不得分；安全措施不完善，每项扣 5 分。 （3）检修现场储存易燃易爆危险物品，不得分；施工现场有吸烟或有烟头，每例扣 10 分。 （4）现场检修未使用工作票，不得分；工作时工作负责人（监护人）不在现场，不得分	
2.2.8.5	修后设备技术资料管理	20	（1）现场检查档案室对修后设备的技术资料归档情况。 （2）检查 30 天内的设备台账更新情况	（1）修后技术资料未及时归档，每项扣 3 分，最高扣 15 分。 （2）未在规定时间内完成设备更新录入，每项扣 3 分，最高扣 15 分	
2.2.9	绝缘技术监督	40			
2.2.9.1	技术监督制度	30	（1）是否建立本单位的绝缘监督制度。 （2）各级绝缘监督岗位责任制是否明确，责任制是否落实	（1）无本单位制度，不得分。 （2）每缺一级责任制，扣 5 分；每一级责任制不落实，扣 5 分	Q/BJCE－219.17－16—2019《电气绝缘技术监督导则》
2.2.9.2	技术监督会议	10	组织召开本单位绝缘监督会议（每年至少 1 次）	未召开会议或无会议记录，每次扣 3 分	Q/BJCE－219.17－16—2019《电气绝缘技术监督导则》

2.3 电气二次设备及其他

序号	评价项目	标准分	查评方法及内容	评分标准	查评依据
2.3	电气二次设备及其他	**1330**			
2.3.1	继电保护及安全自动装置	335			
2.3.1.1	日常维护管理	110			

续表

序号	评价项目	标准分	查评方法及内容	评分标准	查评依据
2.3.1.1.1	需定期检查技术参数的保护（如微机保护的差流）	10	查阅现场测试记录	（1）发现一套未查，扣5分。 （2）无检查记录，不得分	DL/T 587—2016《继电保护和安全自动装置运行管理规程》第5.2条
2.3.1.1.2	继电保护及自动装置定值整定和定值变更	20	是否有定值管理制度，是否依据制度执行，是否依据定值通知单、检验报告和定值单抽查各类保护的定值	（1）无定值管理制度，不得分。 （2）未执行定值管理制度，每项扣5分。 （3）主系统保护和自动装置的定值与实际不符，扣10分。 （4）作废保护定值单未加盖"作废"章，扣2分	Q/BEIH—216.09—42—2013《继电保护及安全自动装置技术监督导则》第5.6.5条
2.3.1.1.3	保护装置的备品备件	10	查阅有关资料、运行日志、缺陷记录，现场检查	（1）无备品备件台账，扣5分。 （2）因备品备件影响保护装置的正常运行和缺陷未及时处理，扣5分	Q/BEH—211.10—18—2019《防止电力生产事故的重点要求及实施导则》17.2.5.8条
2.3.1.1.4	继电保护及自动装置的运行工况	15	（1）运行中的主系统主保护及自动装置是否存在一般缺陷未处理。 （2）是否存在因保护装置缺陷处理不当，导致保护长期退出运行的现象。 （3）运行中的保护及自动装置是否存在严重缺陷未处理	（1）系统主保护及自动装置存在一般缺陷，扣3分。 （2）主系统后备保护存在严重缺陷，扣6分。 （3）因保护装置缺陷处理不当导致保护退出运行24小时，不得分	Q/BEIH—216.09—42—2013《继电保护及安全自动装置技术监督导则》第4.3条
2.3.1.1.5	接入 220kV 及以上电压等级发电机－变压器组的电气量保护及非电气量保护	20	（1）检查接入220kV及以上电压等级的变压器电气量保护是否设置启动断路器失灵保护回路，对于双母线接线的电厂检查发电机－变压器组保护启动失灵保护时是否解除电压闭锁的回路。 （2）启动失灵保护回路中的零序或负序电流定值是否满足要求。 （3）非电气量保护是否启动失灵保护（不应启动）	（1）任一台变压器无启动断路器失灵保护的回路，不得分。 （2）有启动失灵保护回路，零序或负序电流定值不合理，扣10分	GB/T 14285—2006《继电保护和安全自动装置技术规程》第4.9条
2.3.1.1.6	故障录波器	10	（1）查阅装置的定值，试验报告、故障录波分析报告。 （2）根据设计图纸和调度要求，现场检查录波量是否满足要求，是否按电网调度机构的要求正常投入运行且模拟量和开关量全部接入，运行工况是否良好	（1）装置未正常投入运行，每套扣5分。 （2）装置运行工况不良或录波量未全部接入，扣2分	（1）GB/T 14285—2006《继电保护和安全自动装置技术规程》第5.8条； （2）Q/BEH—211.10—18—2019《防止电力生产事故的重点要求及实施导则》第17.2.3.6条
2.3.1.1.7	电气主设备、主系统、厂用电系统的保护及自动装置的动作统计及事故分析	20	查阅最近1年的保护及自动装置动作统计和分析资料是否认真、准确，是否发生不正确动作现象	（1）发生一次不正确动作或原因不明的不正确动作，不得分。 （2）对装置的动作统计及事故分析不认真、不准确，扣5分	DL/T 587—2016《继电保护和安全自动装置运行管理规程》第6.6条

序号	评价项目	标准分	查评方法及内容	评分标准	查评依据
2.3.1.1.8	开关场的变压器、断路器、隔离开关和电流、电压互感器等设备至开关场就地端子箱之间的二次电缆	5	现场检查是否符合以下要求： （1）开关场的变压器、断路器、隔离开关和电流、电压互感器等设备至开关场就地端子箱之间的二次电缆的屏蔽层在就地端子箱处单端使用截面积不小于 4mm² 多股铜质软导线可靠连接至接地铜排上，在一次设备的接线盒（箱）处不接地。 （2）保护室的保护装置至开关场就地端子箱之间的二次电缆的屏蔽层应在保护装置和端子箱分别接地（两端接地）。 （3）电缆套管封堵应满足要求	不满足要求，每处扣 1 分	Q/BEH-211.10-18-2019《防止电力生产事故的重点要求及实施导则》第 17.2.7 条
2.3.1.2	技术管理	150			
2.3.1.2.1	220kV 及以上线路及主系统保护装置及自动装置、3kV 及以上厂用电保护的配置	40	对照现场实际设备检查： （1）100MW 及以上的发电机–变压器组保护、220kV 及以上电压等级的线路、母线等设备的主保护，是否按双重化配置。 （2）200MW 及以上容量的发电机–变压器组是否配置专用故障录波器。 （3）厂用切换、厂用电保护等配置是否满足运行要求	（1）100MW 以上的发电机–变压器组、220kV 及以上电压等级的线路、母线等设备的主保护未按双重化配置，缺少一套扣 10 分。 （2）200MW 及以上容量的发电机–变压器组未配置专用故障录波器，扣 10 分。 （3）厂用切换、厂用电保护配置不能满足运行要求，扣 5 分	（1）GB/T 14285-2006《继电保护和安全自动装置技术规程》第 4.2、4.3、4.6、4.7 条； （2）Q/BEH-211.10-18-2019《防止电力生产事故的重点要求及实施导则》第 17.2.2 条
2.3.1.2.2	保护装置和安全自动装置	20	（1）检查保护定值单各项手续是否完备，是否有计算、审核及执行人等。 （2）继电保护班组是否有发电机–变压器组保护整定计算书，且各项审批手续完备。 （3）现场检查各保护压板的投入是否符合整定方案的要求及装置运行情况。 （4）查阅保护定值是否满足设备安全运行的要求，且定值整定无误。 （5）查阅保护定值核算书及更新后定值单。 （6）保护定值是否根据系统电阻变化及厂用系统变化情况进行相应保护定值的核算工作	（1）保护定值单手续不完备，扣 5 分。 （2）主系统主保护未投入运行，每套扣 5 分。 （3）发现定值计算或整定错误，每处扣 8 分	（1）国能安全〔2014〕161 号《防止电力生产事故的二十五项重点要求》第 18.10.2 条； （2）Q/BEH-211.10-18-2019《防止电力生产事故的重点要求及实施导则》第 17.2.6.1 条
2.3.1.2.3	继电保护及自动装置的运行规程	20	（1）检查已投入运行的继电保护装置是否具有现场运行规程。 （2）现场运行规程内容是否与实际设备相符，能否满足运行要求。 （3）运行规程审批手续完备	（1）运行规程中缺少保护装置，每种扣 8 分。 （2）规程不符合实际、不满足运行要求，扣 8 分。 （3）审批手续不完备，扣 4 分	Q/BEH-211.10-18-2019《防止电力生产事故的重点要求及实施导则》第 17.2.5.1 条

续表

序号	评价项目	标准分	查评方法及内容	评分标准	查评依据
2.3.1.2.4	防止继电保护"三误"（误碰、误接线、误整定）事故的反措	10	查阅本场站防"三误"事故措施文件，现场检查运行记录，继电保护"三误"措施是否认真制订并严格执行	（1）未制订本场站防"三误"措施文件，不得分。 （2）措施执行不到位造成机组非停，不得分	Q/BEH–211.10–18—2019《防止电力生产事故的重点要求及实施导则》第17.2.5.1条
2.3.1.2.5	继电保护及自动装置检修规程	10	（1）检查专业班组是否具备保护及自动装置检修规程。 （2）查阅检修规程是否与实际设备相符	（1）任一种保护和自动装置无检验规程，不得分。 （2）检验规程与实际设备不符，扣2分	Q/BEIH–216.09–42—2013《继电保护及安全自动装置技术监督导则》第5.3.2条
2.3.1.2.6	主系统和主设备的电流互感器10%误差	10	查阅检验报告和厂家有关资料，是否对主系统和主设备电流互感器10%误差进行核对	（1）系统保护及安全自动装置使用的电流互感器未进行10%误差核对，不得分。 （2）核对方法不正确或数据不准确，扣5分	DL/T 995—2016《继电保护和电网安全自动装置检验规程》第5.3.1.2条b）款
2.3.1.2.7	继电保护及自动装置的设备台账及图纸以及厂家装置说明书	10	查阅专业班组有关的继电保护二次图纸及保护装置厂家说明书、台账及图纸，设备改造、异动、更换是否有设计图纸和技术报告	（1）无台账，不得分。 （2）台账不全，扣2分。 （3）缺少主系统保护及重要自动装置原理图，扣2分。 （4）图纸管理不规范、不齐全、不符合实际，扣2分。 （5）缺少保护装置厂家说明书，每套扣2分。 （6）设备改造、异动、更换无相应的图纸、技术报告，不得分。 （7）设备改造、异动、更换相应的图纸、技术报告不完善，扣2分	Q/BEIH–216.09–42—2013《继电保护及安全自动装置技术监督导则》第4.3.10条
2.3.1.2.8	继电保护技术监督制度及监督岗位	15	查阅有关管理文件	（1）无技术监督岗位，扣5分。 （2）无技术监督制度，扣5分。 （3）岗位、制度不完善，扣5分	Q/BEIH–216.09–42—2013《继电保护及安全自动装置技术监督导则》第4.3.3条
2.3.1.2.9	继电保护及安全自动装置的时钟对时	15	现场检查，全厂应统一时钟对时	未统一时钟，每项扣5分	DL/T 587—2016《继电保护和安全自动装置运行管理规程》第5.16条
2.3.1.3	检修管理	75			
2.3.1.3.1	快切、备用电源自动投入装置的定期传动试验	5	检查相关规定、运行日志及检修记录，是否定期进行传动试验	（1）无规定，不得分。 （2）未进行传动试验，不得分。 （3）每年试验一次，试验不规范，扣2分	Q/BEH–211.10–18—2019《防止电力生产事故的重点要求及实施导则》第17.2.5.5条
2.3.1.3.2	继电保护及自动装置的年度定检计划和项目	10	（1）是否制订保护和自动装置年度定检计划。 （2）年度计划是否完整规范	（1）无定检计划，不得分。 （2）计划不完整、不规范，扣5分	DL/T 995—2016《继电保护和电网安全自动装置检验规程》第4.2、4.3条

序号	评价项目	标准分	查评方法及内容	评分标准	查评依据
2.3.1.3.3	按期完成继电保护及自动装置的定检计划	20	（1）查阅保护和自动装置检验完成情况的统计资料。 （2）抽查检验报告，检查试验日期是否与定检计划相符，有无超周期未定检的情况	（1）主系统保护未按要求开展定检，每项扣 5 分。 （2）其他保护未按期完成定检计划，每项扣 2 分。 注：因电网原因造成超周期除外	DL/T 995—2016《继电保护和电网安全自动装置检验规程》第 5.1.2.2 条
2.3.1.3.4	电压互感器的二次绕组和三次绕组的电压参数的检验	10	（1）查阅检测和定相试验报告，检查Y形绕组的电压测试及定相试验数据是否正确。 （2）检查开口三角电压测试数据是否在允许的范围之内	（1）发现一台电压互感器未进行检测和定相试验，不得分。 （2）检验和定相检验记录不齐全、不规范或数据不正确，扣 2 分。	DL/T 995—2016《继电保护和电网安全自动装置检验规程》第 5.5.2 条
2.3.1.3.5	差动保护和方向性保护工作电压和电流的检验	10	（1）查阅检验报告，是否用负荷电流进行向量测试。 （2）分析向量测试数据是否正确	（1）两类保护任一套装置未按规定进行接线正确性检验或检验结论有错误，不得分。 （2）检验报告不规范、检验数据不够齐全，扣 2 分。	DL/T 995—2016《继电保护和电网安全自动装置检验规程》第 5.5.2 条
2.3.1.3.6	电流互感器二次具有星形接线的各组电流幅值、相位及二次中性线不平衡电流的检查	10	查阅有关检验报告中电流回路的测试记录（保护装置初次投运前或二次回路有变动时）	（1）有两组及以上评价项目未做，不得分。 （2）有一组电流互感器未做中性线电流检测，扣 5 分	DL/T 995—2016《继电保护和电网安全自动装置检验规程》第 5.5.2.3 条
2.3.1.3.7	断路器的防跳回路	10	检查试验报告，是否对断路器防跳回路进行传动试验	（1）结合检修进行试验，未进行断路器的防跳回路试验，不得分。 （2）试验方法不正确，扣 5 分	DL/T 995—2016《继电保护和电网安全自动装置检验规程》第 5.3.6.3 条
2.3.2	直流系统	230			
2.3.2.1	日常维护管理	50			
2.3.2.1.1	蓄电池的浮充端电压的检测	20	（1）查阅测试计划及测试记录，蓄电池的浮充端电压的偏差是否处于蓄电池组平均浮充端电压的允许范围内。 （2）查阅测试记录，检查是否按一个月周期进行全部蓄电池浮充端电压的测量。 （3）检查测试记录格式是否规范，数据是否齐全、准确	（1）测试计划及测试记录不全或不准确，每处扣 1 分。 （2）蓄电池存在缺陷、浮充端电压偏差超过规定要求，每组扣 4 分。 （3）未按一个月周期进行测量及测量数据不准或使用仪表不合格，每次扣 5 分	DL/T 724—2000《电力系统用蓄电池直流电源装置运行与维护技术规程》第 6.3.1 条
2.3.2.1.2	直流电源系统绝缘监测装置功能和运行	20	（1）查阅产品说明书、设备出厂试验报告。 （2）查阅试验记录，是否存在超周期检验的情况。 （3）现场检查绝缘监察装置的运行工况是否正常。	（1）产品说明书、设备出厂试验报告不全，每处扣 1 分。 （2）任一套绝缘监测装置超周期未检验，扣 5 分。	Q/BEH-211.10-18-2019《防止电力生产事故的重点要求及实施导则》第 34.2.4.25 条

续表

序号	评价项目	标准分	查评方法及内容	评分标准	查评依据
2.3.2.1.2	直流电源系统绝缘监测装置功能和运行	20	（4）检查绝缘监测装置是否采用模拟接地故障的方法进行检验。 （5）检查绝缘监测装置是否具备交流窜直流故障的测记和报警功能	（3）任一套未正常投入运行，扣5分。 （4）绝缘监测装置不具备交流窜直流故障的测记和报警功能，扣5分	Q/BEH-211.10-18—2019《防止电力生产事故的重点要求及实施导则》第34.2.4.25条
2.3.2.1.3	充电装置的性能	10	（1）查阅厂家说明书、出厂试验报告，是否满足有关规定和反措要求。 （2）现场检查充电装置运行是否正常	（1）厂家说明书、出厂试验报告不全，每处扣1分。 （2）装置的性能和功能不满足要求，每台扣2分。 （3）装置的运行工况不正常，每台扣2分	（1）DL/T 724—2000《电力系统用蓄电池直流电源装置运行与维护技术规程》第7.1条； （2）Q/BEH-211.10-18—2019《防止电力生产事故的重点要求及实施导则》第34.2.4.2条
2.3.2.2	技术管理	120			
2.3.2.2.1	直流系统图、直流接线图	10	（1）检查班组及有关管理部门是否具有符合实际的直流系统图和接线图。 （2）检查运行现场是否具有直流系统图（现场张贴）和接线图	（1）直流系统图和接线图不规范、不符合实际，每处扣2分。 （2）无直流系统图、接线图，不得分	DL/T 724—2000《电力系统用蓄电池直流电源装置运行与维护技术规程》第4.15条 d）款
2.3.2.2.2	直流系统的检修规程和运行规程	20	（1）查阅直流系统的检修规程和运行规程是否齐全、规范，并符合实际。 （2）检查上述规程的审批手续是否严格、完备	（1）缺少规程，每种扣5分。 （2）规程版本不规范或与实际不符，每处扣2分。 （3）审批手续不完善，扣2分	DL/T 724—2000《电力系统用蓄电池直流电源装置运行与维护技术规程》第4.2条
2.3.2.2.3	直流系统设计配置	20	检查直流系统的蓄电池、充电装置、直流屏（柜）、接线方式、网络设计、保护与监测接线及电缆的设计配置是否满足规程和反措要求： （1）查阅产品说明书、图纸、台账。 （2）根据电厂出线电压等级，检查直流蓄电池的配置。 （3）检查直流充电、浮充电装置的配置。 （4）检查直流屏（柜）、接线方式、网络设计	（1）设备说明书、图纸、台账不全或不完整，每处扣1分。 （2）蓄电池的配置不满足要求，扣10分。 （3）直流充电、浮充电装置的配置不满足要求，扣10分。 （4）直流屏（柜）接线方式、网络设计等不满足要求，扣5分	Q/BEH-211.10-18—2019《防止电力生产事故的重点要求及实施导则》第34.2.4条
2.3.2.2.4	直流屏（柜）上各元件的标志及馈线开关	15	（1）现场检查屏（柜）上的开关、隔离开关、熔断器继电器表计的标志是否齐全、正确。 （2）检查馈线开关是否采用直流开关	（1）标志不齐全、不规范、不清晰、不正确，每处扣1分。 （2）直流系统若使用交流开关，不得分	Q/BEH-211.10-18—2019《防止电力生产事故的重点要求及实施导则》第34.2.4.8条

序号	评价项目	标准分	查评方法及内容	评分标准	查评依据
2.3.2.2.5	直流系统备品备件	15	（1）现场检查备件清单及备件库，检查各种备件是否齐全，是否做到定点存放、规范、有序。 （2）检查备件存放是否满足要求	（1）备件规格不齐全、数量不足，扣5分。 （2）备件标志不清，每处扣1分。 （3）无备件清单，扣5分	DL/T 724—2000《电力系统用蓄电池直流电源装置运行与维护技术规程》第4.15条
2.3.2.2.6	反措的计划和落实	10	（1）查阅年度反措实施计划和完成进度记录，是否按期完成反措计划。 （2）现场检查实际落实情况	（1）反措计划不规范或未按计划完成，每项扣2分。 （2）未制订反措计划，不得分	Q/BEH-211.10-18—2019《防止电力生产事故的重点要求及实施导则》第34.2.4条
2.3.2.2.7	直流系统极差配合	20	现场检查，查阅级差配合图表	（1）无级差配合图表，不得分。 （2）级差配合图表与实际不符，每项扣5分	Q/BEH-211.10-18—2019《防止电力生产事故的重点要求及实施导则》第34.2.4.7条
2.3.2.2.8	现场端子箱、机构箱二次电缆的配置安装	10	（1）查阅图纸。 （2）现场检查端子箱内是否有交、直流混装情况，机构箱内交、直流接线是否有隔离措施	现场端子箱内交、直流混装，每处扣2分	（1）国能安全〔2014〕161号《防止电力生产事故的二十五项重点要求》第22.2.3.22.2条； （2）Q/BEH-211.10-18—2019《防止电力生产事故的重点要求及实施导则》第34.2.4.24条
2.3.2.3	运行管理	30			
2.3.2.3.1	蓄电池室运行环境	10	（1）现场检查蓄电池室的通风、照明、事故照明及采暖设备是否良好，室温是否满足15～30℃范围内的要求。 （2）蓄电池室内的防火、防震措施是否符合设计规定。 （3）蓄电池室内的防爆措施是否符合设计规（含蓄电池巡检测量回路）	（1）通风、采暖、照明设备不良，每种扣2分。 （2）室温不满足要求，每处扣2分。 （3）防火、防震措施不符合设计规定，每处扣2分。 （4）防爆措施不符合设计规定，每处扣5分	DL/T 5044—2014《电力工程直流电源系统设计技术规程》第8.1条
2.3.2.3.2	直流母线电压	10	（1）检查直流系统运行规定及蓄电池厂家资料。 （2）现场检查直流母线的实际运行电压数值是否在蓄电池组浮充电压的要求范围内	（1）缺少运行规定或运行规定错误，不得分。 （2）发现母线电压超出规定范围，不得分	DL/T 724—2000《蓄电池直流系统运行与维护技术规程》第6.1.1条
2.3.2.3.3	直流系统对地绝缘	10	（1）查阅日常记录的直流系统对地绝缘情况。 （2）现场检查直流系统实际对地绝缘情况是否良好	（1）记录不准确，扣5分。 （2）现场发现绝缘下降，扣5分	DL/T 724—2000《蓄电池直流系统运行与维护技术规程》第5.4.1条
2.3.2.4	检修管理	30			

序号	评价项目	标准分	查评方法及内容	评分标准	查评依据
2.3.2.4.1	直流屏（柜）和充电装置的测量表计	10	（1）查阅校验计划及校验记录，是否按仪表监督规定对直流屏（柜）和充电装置的测量表计定期检验。 （2）现场检查，测量表计是否符合有关规定和反措要求并合格有效	（1）校验计划及校验记录不全或不准确，每处扣1分。 （2）表计未进行定期校验，每块扣1分。 （3）测量表计不合格，每块扣1分。 （4）未编制计划，不得分	DL/T 5044—2004《电力工程直流电源系统设计技术规程》第6.2.5条
2.3.2.4.2	定期进行全容量核对性放电及均衡充电	20	（1）查阅测试计划及测试记录，检查蓄电池是否定期进行全容量核对性放电。 （2）查阅记录，检查全容量核对性放电试验是否规范。 （3）查阅均衡充电计划及记录	（1）测试计划及测试记录不全或不准确，每处扣1分。 （2）超周期未进行放电试验、蓄电池电池容量严重不足，不得分。 （3）未按规定进行均衡充电，不得分	（1）国能安全〔2014〕161号《防止电力生产事故的二十五项重点要求》第22.2.3.19条； （2）Q/BEH-211.10-18—2019《防止电力生产事故的重点要求及实施导则》第28.2.1.13条
2.3.3	通信	260			
2.3.3.1	日常维护管理	150			
2.3.3.1.1	缺陷管理和隐患排查治理	10	查阅消缺记录和隐患排查治理资料，主要检查： （1）通信设备缺陷管理和隐患排查治理制度是否健全。 （2）消缺是否及时，隐患排查治理是否彻底。 （3）对严重影响通信运行安全的故障是否进行调查分析和制订安全技术措施，措施是否已经落实	（1）缺陷管理和隐患排查治理制度不健全，扣5分。 （2）消缺不及时，隐患排查治理不彻底，扣5分。 （3）对严重影响通信运行安全的故障未能及时调查分析和制订安全技术措施，扣5分；整改措施不落实，扣3分	Q/BEH-211.10-18—2019《防止电力生产事故的重点要求及实施导则》第27.2.5.6条
2.3.3.1.2	通信机房运行环境	10	检查通信机房运行环境、安全防护措施，查阅相关资料，主要检查： （1）通信机房（含电源机房和蓄电池室）是否有良好的环境保护控制设施以防止灰尘和不良气体侵入，机房空调工作是否正常，室内温度、湿度是否符合要求。 （2）通信机房防火、防盗、防震、防小动物等安全措施是否完备，相关资料是否齐全。 （3）通信机房（含电源和蓄电池室）是否有可靠的工作照明和事故照明。 （4）蓄电池室的防爆、防晒措施是否符合规定	（1）不符合要求，每处扣2分。 （2）缺少任何一项安全措施，扣2分。 （3）机房环境存在一般问题，扣5分；存在严重问题，不得分	（1）DL/T 544—2012《电力通信运行管理规程》第10.2条； （2）Q/BEH-211.10-18—2019《防止电力生产事故的重点要求及实施导则》第27.1.5、27.2.1.9条

序号	评价项目	标准分	查评方法及内容	评分标准	查评依据
2.3.3.1.3	通信机房防雷措施	10	查阅相关资料、记录，检查通信机房防雷措施落实情况，主要检查： （1）通信机房的防雷措施是否符合 DL/T 548—2012《电力系统通信站过电压防护规程》的有关要求。 （2）通信机房内所有设备的金属外壳和金属框架、各种电缆的金属外皮及其他金属构件是否良好接地，采用螺栓连接的部位是否采取防止松动和锈蚀的措施，机房接地网汇流排是否符合要求，接地点对应处是否标有明显的接地标识，是否有通信机房接地系统示意图。 （3）每年雷雨季节前是否对通信机房防雷接地系统、防雷装置进行检查和维护，连接处是否紧固、接触是否良好、接地引下线有无锈蚀、接地体附近地面有无异常（必要时应开挖地面抽查地下隐蔽部分锈蚀情况）。 （4）每年雷雨季节前是否对通信机房接地网的接地电阻进行测量，是否有记录	（1）防雷措施不符合要求，每处扣2分；对发现问题处理不及时，扣2分。 （2）未对接地系统、防雷装置进行检查，扣3分。 （3）未对接地电阻进行有效测量，扣3分；无测试记录，扣5分；测试记录不完整，扣2分	（1）DL/T 548—2012《电力系统通信站过电压防护规程》； （2）Q/BEH—211.10—18—2019《防止电力生产事故的重点要求及实施导则》第27.1.5、27.2.1.6～27.2.1.8、27.2.1.10 条
2.3.3.1.4	通信光缆的检查	10	查阅光缆路由资料，现场检查，主要检查： （1）是否定期对场（站）内电力特种光缆引入通信机房光缆和普通光缆进行巡视检查[重点检查场（站）内及线路光缆的外观、接续盒固定夹头、接续盒密封垫等]。 （2）对检查出的问题是否及时进行了处理	（1）未进行检查，不得分。 （2）对检查出的问题未及时处理，扣5分	DL/T 544—2012《电力通信运行管理规程》第11.2.3 条
2.3.3.1.5	光传输设备	10	查阅光传输设备运行维护测试记录等相关资料，现场检查设备运行情况，主要检查： （1）光传输设备运行情况是否正常。 （2）业务端口告警是否正常。 （3）运行资料是否齐全	（1）光传输设备运行情况不正常，每处扣5分。 （2）业务端口告警不正常，每处扣6分。 （3）运行资料不齐全，每处扣2分	DL/T 547—2010《电力系统光纤通信运行管理规程》第6.5.3 条
2.3.3.1.6	脉冲编码调制（PCM）及业务接入设备	10	查阅相关资料，现场检查设备运行情况，主要检查： （1）PCM及业务接入设备运行情况是否正常，标识是否清晰准确，业务端口告警是否正常，运行资料是否齐全。 （2）承载继电保护、安控等重要业务的设备是否采用与其他设备有明显区分的标识	（1）设备运行情况不正常、业务端口告警不正常、标识不清晰准确或运行资料不齐全，每处扣2分。 （2）承载继电保护、安控等重要业务的PCM设备标识未明显区分，扣2分	（1）DL/T 544—2012《电力通信运行管理规程》第11.1.2 条； （2）DL/T 547—2010《电力系统光纤通信运行管理规程》第6.2.5 条

序号	评价项目	标准分	查评方法及内容	评分标准	查评依据
2.3.3.1.7	调度交换和录音设备	10	现场检查调度交换机、调度台的配置和工况，抽查调度录音系统记录情况和音质情况，主要检查： （1）调度交换机运行是否正常。 （2）调度交换机数据发生更改前后，是否做了数据备份。 （3）主要生产指挥场所的通信调度台及调度电话单机的工况是否稳定、可靠。 （4）调度录音系统运行是否可靠、音质是否良好；录音时间是否与调度时钟校准，是否每月检查，有无记录。 （5）调度台、录音系统是否接入不间断电源（UPS）	（1）调度交换设备运行不正常、存在安全隐患，扣 10 分；发现问题未及时处理，扣 5 分。 （2）调度交换机未做数据备份，扣 5 分。 （3）主要生产指挥场所的通信调度台及调度电话单机的工况不良，扣 5 分。 （4）录音系统音质差或时间不准确，扣 5 分。 （5）调度台、录音系统未接入 UPS 电源，每处扣 5 分	Q/BEH-211.10-18—2019《防止电力生产事故的重点要求及实施导则》第 27.1.18、27.2.1.3、27.2.1.4、27.2.2.2 条
2.3.3.1.8	通信监测及告警设备	10	现场检查通信监测及各类告警设备情况，查阅故障处理记录，主要检查： （1）通信机房内主要设备的告警信号（声、光）及装置是否正常、可靠。 （2）通信动力环境和无人值班机房内主要设备的告警信号是否接到有人值班的地方或接入通信综合监测系统	（1）通信监测或告警设备存在严重问题，不得分。 （2）告警信号不正常，每处扣 5 分。 （3）告警信号未接到有人值班的地方或接入通信综合监测系统，扣 5 分	（1）DL/T 544—2012《电力通信运行管理规程》第 10.2 条 e）款 （2）Q/BEH-211.10-18—2019《防止电力生产事故的重点要求及实施导则》第 27.2.1.5 条
2.3.3.1.9	交流电源设备	20	检查通信机房交流电源供电方式及相关资料，主要检查： （1）通信机房输入交流电源是否采用双路自动切换供电方式，切换是否可靠，是否有定期切换记录。 （2）交流配电柜是否配置稳压和过电压保护装置	（1）通信机房不具备两套独立的交流供电电源、双路自动切换存在问题，扣 10 分；无定期切换记录，扣 5 分。 （2）交流配电柜未配置稳压和过电压保护装置，扣 10 分	（1）DL/T 544—2012《电力通信运行管理规程》第 10.2 条 a）款； （2）Q/BEH-211.10-18—2019《防止电力生产事故的重点要求及实施导则》第 27.2.2.1 条
2.3.3.1.10	不间断电源（UPS）设备	10	实地检查 UPS 电源供电方式及相关资料，主要检查： （1）是否根据场（站）内通信设备供电需要配置 UPS 电源。 （2）UPS 电源提供的供电时间是否不少于 1h。 （3）是否定期对 UPS 电源进行切换试验，是否有记录	（1）未按需求配置 UPS 电源设备，不得分。 （2）UPS 电源设备存在问题，扣 10 分。 （3）UPS 电源提供的供电时间少于 1h，扣 10 分。 （4）未定期对 UPS 电源进行切换试验、无记录，扣 10 分	Q/BEH-211.10-18—2019《防止电力生产事故的重点要求及实施导则》第 27.2.2.2 条

序号	评价项目	标准分	查评方法及内容	评分标准	查评依据
2.3.3.1.11	通信直流电源设备	20	现场检查通信电源系统，查阅相关运行资料，主要检查： （1）通信机房是否配置–48V 通信专用直流电源系统。 （2）通信电源的整流模块配置、整流容量及蓄电池容量应符合相关技术要求。 （3）当交流电源中断时，通信专用蓄电池组独立供电时间能否不小于 8h	（1）未按要求配置通信专用直流电源系统，不得分。 （2）整流模块配置不合理，扣 5 分；整流模块异常未及时修复且影响运行安全，扣 10 分。 （3）蓄电池浮充电压、电流设置等不符合要求，扣 5 分。 （4）蓄电池组正常独立供电时间小于 8h，扣 15 分	Q/BEH–211.10–18—2019《防止电力生产事故的重点要求及实施导则》第 27.2.2.1 条
2.3.3.1.12	通信专用蓄电池	10	现场检查蓄电池外观，查阅蓄电池测量记录和充放电记录，主要检查： （1）蓄电池有无壳体变形、电解液渗出等现象。 （2）是否按规程定期对蓄电池组进行核对性放电试验，放电容量能否达到规定值，试验后是否按规定进行均衡充电	（1）蓄电池外观存在壳体变形、电解液渗出现象，扣 2 分。 （2）未定期测量蓄电池单体电压，无测试记录，扣 2 分。 （3）未对蓄电池做核对性放电试验，扣 5 分。 （4）对检查出的问题未及时处理，扣 5 分	（1）DL/T 724—2000《电力系统用蓄电池直流电源装置运行与维护技术规程》第 6.3 条； （2）Q/BEH–211.10–18—2019《防止电力生产事故的重点要求及实施导则》第 27.2.2.3 条
2.3.3.1.13	供电开关	10	现场检查通信设备供电电源接线图和实际接线情况，主要检查： （1）各种通信设备是否均采用一台设备由一个分路开关或熔断器控制。 （2）用于直流系统的馈出开关是否都符合要求。 （3）各级开关的容量配置是否满足级差配合要求。 （4）分路开关到设备的连接线是否符合安全要求，且各种标识规范、牢固、清晰	（1）两台设备共用一个分路开关或熔断器，每处扣 5 分。 （2）用于直流系统的馈出开关采用交流开关，每处扣 2 分。 （3）级差配合不符合安全要求，扣 2 分。 （4）分路开关到设备的连接线不符合安全要求，每项扣 2 分；各种标识不规范、不牢固、不清晰，每项扣 2 分	Q/BEH–211.10–18—2019《防止电力生产事故的重点要求及实施导则》第 27.1.12、27.2.2.4 条
2.3.3.2	技术管理	100			
2.3.3.2.1	通信专责人员岗位设置及职责	10	查阅岗位设置相关文件、资料，主要检查： （1）是否配备必要的通信专责人员。 （2）通信专责人员是否职责明确、技术熟练，是否熟悉通信系统、通信设备和承载业务通道的运行方式，是否熟悉通信设备异常及告警状况的判断处理流程，发现问题能否及时处理故障	（1）未设置通信专责人员岗位，不得分。 （2）岗位职责不明确、通信专责人员的技术水平不能满足日常运维管理要求，扣 5 分	（1）DL/T 544—2012《电力通信运行管理规程》第 5.1.1 条、第 5.2.2 条 a）款； （2）Q/BEH–211.10–18—2019《防止电力生产事故的重点要求及实施导则》第 27.2.5.3 条

序号	评价项目	标准分	查评方法及内容	评分标准	查评依据
2.3.3.2.2	规程规定的执行	10	查阅相关资料，询问通信专责人员，主要检查： （1）是否贯彻国家及电力行业颁发的各项管理规程和标准。 （2）是否严格执行所在电网通信管理机构制定的各项通信运行管理规程、规定和反措	（1）未贯彻国家及电力行业颁发的各项管理规程和标准，扣5分。 （2）未严格执行所在电网通信管理机构制定的各项通信运行管理规程、规定和反措，每项扣2分	（1）DL/T 544—2012《电力通信运行管理规程》第5.2.2条； （2）Q/BEH-211.10-18—2019《防止电力生产事故的重点要求及实施导则》第27.2.5.5条
2.3.3.2.3	巡视检查制度	10	查阅巡检制度和记录，主要检查： （1）是否制定巡视检查制度，是否明确巡视周期、巡检范围、巡检内容（应包括机房环境、通信电源及设备运行状况），并编制巡检记录表。 （2）巡检记录表是否内容完整、记录真实	（1）未制定巡视检查制度，不得分。 （2）未明确巡视周期、巡检范围、巡检内容，每项扣2分；巡检内容每缺一项，扣1分。 （3）未编制巡检记录表或无巡检记录，扣5分；记录不完整或记录不真实，扣3分	DL/T 544—2012《电力通信运行管理规程》第11.1.4条
2.3.3.2.4	应急预案的制定	10	查阅各项应急预案及有关资料，主要检查： （1）是否根据本单位实际情况制定通信系统应急预案。 （2）应急预案是否覆盖传输、电源、交换等系统，是否包括抢修、协调、技术保障等内容。 （3）应急预案是否及时补充、修订	（1）未制定通信系统应急预案，不得分。 （2）应急预案覆盖面不全或内容不完善，每处扣2分。 （3）应急预案未及时补充、修订，扣5分	（1）DL/T 544—2012《电力通信运行管理规程》第13.3、13.5条； （2）Q/BEH-211.10-18—2019《防止电力生产事故的重点要求及实施导则》第27.1.19条
2.3.3.2.5	运行资料	10	现场检查、查阅资料，检查下列通信技术资料是否齐全、规范： （1）设备原理图及操作手册。 （2）通信系统接线图。 （3）电源系统接线图及操作说明。 （4）配线资料（光纤、数据、音频）。 （5）通信运行方式单（包括继电保护、安控、自动化、调度电话等业务）。 （6）日常运行记录、检测记录、故障及缺陷处理记录。 （7）工程竣工验收资料	（1）设备原理图、操作手册、通信系统接线图、电源系统接线图及操作说明、配线资料、通信运行方式单等技术资料不全，每项扣5分。 （2）日常运行记录、检测记录、故障及缺陷处理记录不全或不规范，每项扣5分。 （3）工程竣工验收资料不全，扣5分。 注：如在其他通信评价项目中已对资料或记录不全扣过分的，本评价项目不再重复扣分	（1）DL/T 544—2012《电力通信运行管理规程》第10.5条； （2）Q/BEH-211.10-18—2019《防止电力生产事故的重点要求及实施导则》第27.2.5.7条
2.3.3.2.6	对外传输通道	10	查阅对外传输通道组织图、所并网的电网通信机构下发的电路方式单等资料，主要检查场（站）至所并网的电网调度机构之间是否具有两种及以上独立路由的通信传输通道	（1）由于本端原因而使对外通信通道存在问题，扣5分；存在严重问题，不得分。 （2）由于场（站）所在电网网架结构现状所限，暂不具有两种及以上独立路由的通信传输通道，不扣分。 （3）未绘制对外通道组织图，扣2分	Q/BEH-211.10-18—2019《防止电力生产事故的重点要求及实施导则》第27.1.2条

序号	评价项目	标准分	查评方法及内容	评分标准	查评依据
2.3.3.2.7	场（站）内缆线路由	10	查阅场（站）内光缆、电缆连接图等资料，实地检查通信机房、电缆竖井、电缆沟道、电缆夹层等，主要检查： （1）通信光缆或电缆是否采用不同路由的电缆沟（竖井）进入通信机房和主控室。 （2）通信线缆是否与一次动力电缆分沟（架）布放或采取有效的隔离措施，是否采取了防火阻燃、阻火分隔、防小动物封堵等安全措施。 （3）直埋光缆是否有路径示意图，地面是否有明显标志	（1）通信缆线未经不同路径的电缆沟道、竖井进入通信机房和主控室，扣5分。 （2）通信缆线与一次动力电缆未分沟布放，同沟布放的未采取防火、阻燃等安全措施，扣5分。 （3）直埋光缆无路径示意图，地面无明显标志，扣5分	Q/BEH-211.10-18—2019《防止电力生产事故的重点要求及实施导则》第27.1.3条
2.3.3.2.8	220kV及以上线路保护、安全控制通道	20	查阅继电保护和安全控制（简称安控）通道通信方式图，检查相关通信设备，主要检查： （1）继电保护和安控通道及相关通信设备是否符合所并网的上级调度部门的管理规定。 （2）是否执行"同一条220kV及以上电压等级线路的两套继电保护通道、同一系统的有主/备关系的两套安全自动装置通道应采用两条完全独立的路由均采用复用通道的，应由两套独立的通信传输设备分别提供，且传输设备均应由两套电源（含一体化电源）供电，满足'双路由、双设备、双电源'的要求"的反措	（1）不符合所并网的上级调度部门的管理规定，每项扣10分；存在严重问题，不得分。 （2）反措执行存在问题，每项扣10分；存在严重问题，不得分	Q/BEH-211.10-18—2019《防止电力生产事故的重点要求及实施导则》第27.2.3条
2.3.3.2.9	调度自动化业务通道	10	查阅调度自动化业务通道资料，检查场（站）与所并网的电网调度机构的自动化实时业务通道是否为两条不同路由的通道且其中至少有一条应是数据网络通道	（1）因本端原因不符合两条不同路由的主、备通道要求，每处扣2分。 （2）因本端原因未开通数据网络通道，扣5分	Q/BEH-211.10-18—2019《防止电力生产事故的重点要求及实施导则》第27.1.4条
2.3.3.3	检修管理	10			
2.3.3.3.1	通信检修	10	查阅通信检修申请与审批相关资料，现场询问通信专业人员，主要检查内容： （1）通信专业人员是否熟悉本企业和所并网的电网通信机构发布的并网通信设备检修管理规定。 （2）涉网通信检修工作是否按检修管理规定办理相关手续，是否按照申请、审核、审批、开（竣）工、延期、终结等流程进行。 （3）检修相关手续等资料是否保存完整	（1）通信专责人员不熟悉并网通信设备检修管理规定，扣10分。 （2）发生过无票操作、违反检修管理规定，每次扣5分。 （3）检修相关手续等资料保存不全，扣5分	（1）DL/T 544—2012《电力通信运行管理规程》第8章； （2）Q/BEH-211.10-18—2019《防止电力生产事故的重点要求及实施导则》第27.1.14条

序号	评价项目	标准分	查评方法及内容	评分标准	查评依据
2.3.4	调度自动化	225			
2.3.4.1	日常维护管理	30			
2.3.4.1.1	自动化设备机柜	10	（1）现场检查设备机柜安装状况、设备机柜标识牌和自动化设备二次回路电缆/光缆（线）的连接情况，是否牢固接在机柜的接地铜排上。 （2）检查自动化设备信号电缆（线）/光缆两端标识牌情况。 （3）检查自动化设备是否可靠接地	（1）设备机柜缺少标识牌，每个扣1分；设备底部未密封，扣1分；屏、柜体与接地系统未可靠连接，扣1分。 （2）信号/控制电缆屏蔽层未牢固接在机柜的接地铜排上，扣1分。 （3）二次回路电线缆未经端子排与设备内电气部分连接，扣1分；电缆（线）/光缆两端无标识牌，扣2分。 （4）设备的接地端未可靠接地，每项扣1分，最高扣5分	（1）Q/BEH-211.10-18-2019《防止电力生产事故的重点要求及实施导则》第25.2.3、25.2.17、25.2.18条； （2）GB 50169-2016《电气装置安装工程　接地装置施工及验收规范》第4.2.9条
2.3.4.1.2	自动化设备交流供电电源	5	（1）现场检查自动化设备交流供电电源设备电缆装备防冲击（浪涌）设施情况。 （2）检查自动化设备与通信线路间装备防雷（强）电击保护器（或光电隔离装置）设施情况	（1）自动化设备的交流供电电源未采取防冲击（浪涌）措施，扣2分。 （2）设备与通信线路间未装防雷（强）电击保护器、光电隔离器，扣3分	Q/BEH-211.10-18-2019《防止电力生产事故的重点要求及实施导则》第25.1.1.5、25.2.19条
2.3.4.1.3	自动化设备的备品备件	5	现场检查设备备品备件配备情况（如设备电源部件、MODEM、遥测/遥信采集测控元件），查阅备品备件等资料	未配置必要的备品备件，不得分；因备品备件原因影响设备运行和延误主要缺陷处理，每次扣2分	（1）DL/T 516-2017《电力调度自动化系统运行管理规程》第5.2.9条； （2）Q/BEH-211.10-18-2019《防止电力生产事故的重点要求及实施导则》第25.2.22条
2.3.4.1.4	电厂至调度主站数据通信通道	5	现场检查自动化设备至调度主站通信通道配置情况，是否具有两路不同路由的通信通道（如双路网络通道，或一路网络通道一路专线通道）	（1）未采用两路不同路由的通信通道，不得分。 （2）双网络通道不满足两个不同方向接入调度数据网络，扣1分。 （3）根据电场所在电网网架结构现状，暂不具有两种及以上独立路由的光缆通道，且满足电网调度机构安排的通信运行方式，不扣分	（1）GB/T 31464-2015《电网运行准则》第5.3.4.6条； （2）DL/T 516-2017《电力调度自动化系统运行管理规程》第9.7条； （3）Q/BEH-211.10-18-2019《防止电力生产事故的重点要求及实施导则》第25.1.1.7、25.2.5条
2.3.4.1.5	机房的运行环境	5	现场检查设备机房环境，是否按规定配备的消防器材，机房内是否存放易燃易爆物品	机房存放易燃易爆物品，不得分；存放与运行设备无关的物品，扣1分	Q/BEH-211.10-18-2019《防止电力生产事故的重点要求及实施导则》第25.2.21条

序号	评价项目	标准分	查评方法及内容	评分标准	查评依据
2.3.4.2	技术管理	195			
2.3.4.2.1	电厂自动化设备的图纸、资料	5	现场核查自动化设备台账、图纸技术资料是否齐全（包括设备原理/操作说明书、竣工图纸、工厂/现场验收报告等），图纸资料是否与实际运行设备相符，是否有自动化设备的设备台账，是否建立规范的图纸、技术资料档案	（1）无自动化设备配套的图纸资料技术档案，不得分；设备图纸资料不全、不规范，扣 1 分；图纸资料与实际运行设备不符，每种扣 1 分。 （2）无自动化设备的设备台账，扣 2 分；未建立图纸、技术资料档案，扣 1 分；图纸、技术资料档案不全、不规范，扣 1 分	（1）DL/T 516—2017《电力调度自动化系统运行管理规程》第 5.2.6、7.7、7.8、7.9 条； （2）Q/BEH–211.10–18—2019《防止电力生产事故的重点要求及实施导则》第 25.2.27 条
2.3.4.2.2	自动化设备的相关资料	5	（1）现场检查自动化设备定期巡检、测试、检修、消缺等记录资料。 （2）查阅自动化设备安全应急预案与措施资料	（1）无自动化设备定期巡检、测试、检修、消缺等记录，扣 3 分；有记录但不完整，扣 1 分。 （2）未编制自动化设备安全应急预案和故障处置措施，扣 2 分；有应急预案和故障处置措施但不完备，扣 1 分	（1）GB/T 31464—2015《电网运行准则》第 6.15.1、6.1.2 条； （2）DL/T 516—2017《电力调度自动化系统运行管理规程》第 5.2.2、5.2.5、5.6 条； （3）Q/BEH–211.10–18—2019《防止电力生产事故的重点要求及实施导则》第 25.1.1.11、25.2.11、25.2.12 条
2.3.4.2.3	自动化设备（子站）质量	5	（1）现场查阅自动化设备（自动化子站设备主要包括厂站监控系统 NCS 或远动装置 RTU、相量测量装置 PMU、电能量远方终端、时间同步装置 TMU、自动发电控制 AGC 子站、自动电压控制 AVC 子站、电力调度数据网网络接入设备如交换机和路由器、电力监控系统安全防护设备等）是否具有国家资质的电力设备检测部门颁发的质量检测合格证、入网有效合格证书以及入网设备质量认证等。 （2）检查自动化设备配置状况、设备性能和质量，检查设备运行情况，查阅设备运行记录	（1）任一种自动化设备缺少国家资质的电力设备检测部门颁发的质量检测合格证明、入网有效合格证书以及入网设备的质量认证，扣 1 分。 （2）设备配置不合理，扣 2 分；设备运行不稳定，每种扣 2 分	（1）GB/T 31464—2015《电网运行准则》第 4.2.9.1 条 b）款、第 5.3.4.1 条； （2）DL/T 516—2017《电力调度自动化系统运行管理规程》第 3.4、3.6 条； （3）Q/BEH–211.10–18—2019《防止电力生产事故的重点要求及实施导则》第 25.1.1.6、25.2.4 条
2.3.4.2.4	自动化设备供电电源	5	（1）现场检查设备供电电源系统配置情况及 UPS 供电维护记录等资料。 （2）查阅电源系统试验与运行记录。 （3）是否采用直流电源系统或不间断电源（UPS）供电，UPS 在交流供电电源消失后带满负荷运行时间是否大于 1h，设备供电电源是否采用分路独立空气开关（或熔断器）的供电方式	（1）未采用直流电源或 UPS 电源供电，不得分。 （2）UPS 在交流供电电源消失后，其带负荷运行时间低于 1h，扣 1 分。 （3）设备供电电源盘未采用分路独立空气开关（或熔断器）供电方式，扣 1 分	（1）国家电网设备〔2018〕979 号《国家电网有限公司关于印发十八项电网重大反事故措施（修订版）的通知》第 16.1.1.5 条； （2）Q/BEH–211.10–18—2019《防止电力生产事故的重点要求及实施导则》第 25.1.1.5、25.2.3、25.2.20 条

序号	评价项目	标准分	查评方法及内容	评分标准	查评依据
2.3.4.2.5	电厂上传调度信息数据要求	10	（1）查阅电厂上传调度信息内容和信息资料清单，并与调度机构核实。 （2）查阅自动化设备上传调度主站的信息参数文档，并与调度机构核实。 （3）上传调度机构的信息参数是否与调度主站系统信息参数一致，是否满足调度机构各类主站系统信息数据采集规范要求	（1）上送调度主站系统信息不满足所在电网调度机构信息采集规范要求，不得分。 （2）上传调度机构的信息参数与主站系统信息参数不一致，每处扣1分。 （3）无参数、信息序位文档（文件文档或电子文档），扣2分	（1）GB/T 31464—2015《电网运行准则》第 A.4 条 c）款； （2）DL/T 516—2017《电力调度自动化系统运行管理规程》第5.2.6、7.10 条； （3）Q/BEH－211.10－18－2019《防止电力生产事故的重点要求及实施导则》第 25.2.27 条
2.3.4.2.6	电厂上传调度主站的测量数据准确度	5	（1）现场抽查测量数据精度，查阅测量精度试验报告。 （2）查阅自动化设备交流采样装置检定与测试报告	（1）测量精度（电压、电流测量精度不低于 0.2 级，功率测量精度不低于 0.5 级，电量测量精度不低于 0.2 级，模拟量输出值精度不低于 0.2 级）不符合规定要求，每路扣1分；无测量精度试验数据报告，扣2分。 （2）未定期对交流采样装置（或变送器）进行检定，扣3分；对交流采样装置（或变送器）进行检定后，无检定报告，扣1分	（1）DL/T 516—2017《电力调度自动化系统运行管理规程》第7.4 条； （2）Q/BEH－211.10－18－2019《防止电力生产事故的重点要求及实施导则》第25.2.23、25.2.24 条
2.3.4.2.7	自动化设备开关状态量的遥信传动试验	10	（1）现场查阅遥信传动试验记录，电厂侧事故跳闸时，遥信状态信号及事件是否顺序记录，SOE 是否反映正确（要求遥信动作正确率100%）。 （2）检查电厂自动化设备统一时钟源时间同步系统设备与配置	（1）无遥信传动试验记录，不得分。 （2）电厂侧事故掉闸时，遥信状态信号不正确，每拒/误动1个每次，不得分（考核周期以年为单位）；SOE 事件记录反映不正确，扣2分。 （3）电厂内自动化设备未采用统一时钟源时间同步系统，扣5分	（1）国家电网设备〔2018〕979号《国家电网有限公司关于印发十八项电网重大反事故措施（修订版）的通知》第16.1.1.6 条； （2）Q/BEH－211.10－18－2019《防止电力生产事故的重点要求及实施导则》第25.1.1.12、25.2.12、25.2.16、25.2.25 条
2.3.4.2.8	相量测量装置（PMU）或其他监测装置的信号接入量	10	（1）现场核查自动化设备相量测量装置（PMU）或其他监测装置参数、信息文档。 （2）机组励磁系统和 PSS 的关键信号（电压给定值、PSS 输出信号、励磁调节器输出电压、发电机励磁电压、励磁电流、机端电压、机端电流、PSS 投入/退出信号、励磁调节器自动/手动运行方式及各类限制器动作信号等）是否接入相量测量装置（PMU）或其他监测装置。 （3）是否将机组 AGC、AVC 系统的关键信号（远方 AVC 指令、同步发电机组的 AGC 指令和 AVC 指令等）接入 PMU 装置或其他监测装置	（1）无法提供上传调度机构信息点表，不得分。 （2）未按调度机构要求，将机组 AGC、AVC 系统的关键信号接入相量测量装置（PMU）或其他监测装置，不得分；接入的关键信号不完备、不准确，扣2分	DL/T 1870—2018《电力系统网源协调技术规范》第 5.1、6.6.1、6.6.2、6.6.4 条

续表

序号	评价项目	标准分	查评方法及内容	评分标准	查评依据
2.3.4.2.9	电厂自动化子站设备月可用率	5	现场检查自动化设备运行情况，并与所在电网调度机构核实	（1）自动化子站远动设备月可用率（若所在电网调度机构考核要求，远动设备月可用率应达到 99.5%以上）未达到 99.5%，每降低 0.1 个百分点扣 1 分；子站 PMU设备（若所在电网调度机构考核要求，PMU 设备月可用率应达到 98%以上）月可用率未达到 98%，每降低 0.1个百分点扣 1 分。 （2）电厂自动化设备连续故障（远动数据中断）时间超过 4h，扣 1 分。 （3）相量测量装置（PMU）连续故障（相量数据中断）时间超过 4h，扣 1 分	DL/T 516—2017《电力调度自动化系统运行管理规程》附录 A.1、C.2、C.3
2.3.4.2.10	电厂电力监控系统	10	（1）查看电厂电力监控系统安全防护方案、网络结构图及清单等资料，抽查系统设备、网络设备、网络接线等现场实际设施情况，是否满足国家和行业相关要求。 （2）查阅电厂电力监控系统及自动化设备接入电力调度数据网等相关资料，安全防护方案、网络拓扑图是否全面准确，接入电力调度数据网的技术方案和电厂电力监控系统安全防护方案是否经所在电网调度机构审核	（1）无电场电力监控系统安全防护方案，不得分；电场电力监控系统安全防护方案分区不合理，扣 2 分；隔离措施不完备，扣 2 分；电力监控系统设备、网络设备、网络接线与安全防护方案系统网络拓扑结构图、清单不一致，每处扣 1 分。 （2）电厂接入电力调度数据网的技术方案和电厂电力监控系统安全防护方案未经所在电网调度机构审核，扣5 分	（1）国家发展改革委员令第 14 号《电力监控系统安全防护规定》第十五条； （2）国家电网设备〔2018〕979号《国家电网有限公司关于印发十八项电网重大反事故措施（修订版）的通知》第 16.2.1.2、16.2.2.2条； （3）DL/T 516—2017《电力调度自动化系统运行管理规程》第 10.8条； （4）Q/BEH-211.10-18—2019《防止电力生产事故的重点要求及实施导则》第 25.1.1.3、25.2.15 条
2.3.4.2.11	生产控制大区内部的系统与设备配置	10	现场检查电厂电力监控系统安全防护系统配置，查阅相关技术资料，是否符合规定要求并严格遵守电力监控系统安全防护要求	（1）生产控制区内部使用 E-mail 服务或通用网络服务，不得分。 （2）各业务系统直接互通的，或者监控主机无用的软驱、光驱、USB 接口、串行口未关闭或未拆除，扣 5 分。 （3）使用硬件防火墙的功能、性能、电磁兼容未经国家认证，或无电力系统电磁兼容检测证明，扣 5 分。 （4）使用硬件防火墙为进口产品，扣 5 分	（1）国家发展改革委员令第 14 号《电力监控系统安全防护规定》第十三条； （2）Q/BEH-211.10-18—2019《防止电力生产事故的重点要求及实施导则》第 25.2.15 条

序号	评价项目	标准分	查评方法及内容	评分标准	查评依据
2.3.4.2.12	电厂电力监控系统安全防护安全区的定义	10	（1）现场检查电厂电力监控系统安全防护系统配置。 （2）生产控制大区一、二区之间是否实现逻辑隔离，连接生产控制大区和管理信息大区间是否安装横向隔离装置，横向隔离装置是否经过国家指定部门检测认证机构的认证。 （3）查阅国家指定部门检测认证机构的认证文件等资料	（1）安全区定义不正确，扣2分。 （2）生产控制大区一、二区之间未实现逻辑隔离，扣2分。 （3）生产控制大区和管理信息大区间未进行横向隔离，不得分。 （4）横向隔离装置未经过国家指定部门检测认证机构认证，扣5分	（1）国家发展改革委令第14号《电力监控系统安全防护规定》第九条； （2）Q/BEH-211.10-18—2019《防止电力生产事故的重点要求及实施导则》第25.2.15条
2.3.4.2.13	电场至电力调度数据网之间的纵向加密认证装置	10	（1）现场检查电场电力监控系统安全防护系统配置。 （2）查阅国家指定部门检测认证机构的认证文件等资料	（1）电场至电力调度数据网之间应装但未安装纵向加密认证装置，不得分；采用硬件防火墙或网络设备的访问控制技术临时代替，扣5分。 （2）纵向加密认证装置未经过国家指定部门检测认证机构认证，扣5分	（1）国家发展改革委令第14号《电力监控系统安全防护规定》第十条； （2）Q/BEH-211.10-18—2019《防止电力生产事故的重点要求及实施导则》第25.2.15条
2.3.4.2.14	生产控制大区监控系统的访问服务的安全防护	10	现场检查电力监控系统等自动化设备是否有与设备厂商和其他服务企业远程访问接口等情况	存在下列情况之一者，均不得分： （1）电力监控系统网络非法外联（与互联网直联）。 （2）设备厂商和其他服务企业等远程进行电力监控系统的控制、调节和运维操作	（1）国家发展改革委令第14号《电力监控系统安全防护规定》第十一、十三条； （2）国家电网设备〔2018〕979号《国家电网有限公司关于印发十八项电网重大反事故措施（修订版）的通知》第16.2.2.6、16.2.2.8、16.2.3.5条； （3）Q/BEH-211.10-18—2019《防止电力生产事故的重点要求及实施导则》第29.2.8.2条
2.3.4.2.15	生产控制大区主要监控系统安全管理	10	核查主要监控系统数据备份的安全管理工作情况，是否对生产控制大区主要监控系统（如厂站监控系统NCS、自动发电控制AGC子站、自动电压控制AVC子站等）做好数据备份的安全管理工作以保护系统和数据安全，是否做好备份和恢复策略、措施	（1）主要监控系统数据未备份，扣3分。 （2）无备份和恢复措施的管理工作，扣2分	（1）国家电网设备〔2018〕979号《国家电网有限公司关于印发十八项电网重大反事故措施（修订版）的通知》第16.2.3.3条； （2）Q/BEH-211.10-18—2019《防止电力生产事故的重点要求及实施导则》第29.2.5、29.2.5.1、29.2.7条

序号	评价项目	标准分	查评方法及内容	评分标准	查评依据
2.3.4.2.16	电力监控系统安全防护管理制度	10	现场查阅电力监控系统安全防护管理等制度资料,包括权限密码制度、门禁管理和机房人员登记等制度	(1) 未制定电力监控系统安全防护管理等制度,不得分。 (2) 制定的电力监控系统安全防护管理等制度不完善、不规范,每个制度扣 2 分	(1) 国家发展改革委令第 14 号《电力监控系统安全防护规定》第十四条; (2) Q/BEH-211.10-18—2019《防止电力生产事故的重点要求及实施导则》第 29.2.1 条
2.3.4.2.17	电力监控系统安全防护应急预案	5	(1) 查阅电厂电力监控系统安全防护应急预案资料。 (2) 现场提问有关技术人员掌握电力监控系统安全防护应急预案的情况,是否熟练掌握预案内容	(1) 电厂未编制电厂电力监控系统安全防护应急预案,不得分;编制的电厂电力监控系统安全防护应急预案不完善、不规范,扣 1 分。 (2) 相关人员不能熟练掌握应急预案内容,扣 1 分	(1) 国家发展改革委令第 14 号《电力监控系统安全防护规定》第十七条; (2) 国家电网设备〔2018〕979 号《国家电网有限公司关于印发十八项电网重大反事故措施(修订版)的通知》第 16.2.3.6 条; (3) Q/BEH-211.10-18—2019《防止电力生产事故的重点要求及实施导则》第 29.2.1、29.2.2 条
2.3.4.2.18	定期开展电力监控系统安全防护安全评估工作	5	现场查阅电厂电力监控系统安全防护安全评估实施记录及工作报告等资料(评估内容主要包括安全体系、安全设备部署及性能、安全管理措施等),是否有电力监控系统安全防护安全评估报告	(1) 未定期开展电力监控系统安全防护安全评估工作,不得分。 (2) 开展评估工作,无评估报告,扣 2 分	(1) 国家发展改革委令第 14 号《电力监控系统安全防护规定》第十六条; (2) 国家电网设备〔2018〕979 号《国家电网有限公司关于印发十八项电网重大反事故措施(修订版)的通知》第 16.2.3.1 条; (3) Q/BEH-211.10-18—2019《防止电力生产事故的重点要求及实施导则》第 29.1.2、29.2.2 条
2.3.4.2.19	设备标识牌	5	相关屏柜、箱体、接线盒、元器件、端子排、压板、交流直流空气开关和熔断器是否设置恰当的标识	(1) 未配备专职(兼职)自动化专业技术人员,扣 2 分。 (2) 专业技术人员情况未按电网调度机构专业管理部门要求备案,扣 1 分	(1) DL/T 516—2017《电力调度自动化系统运行管理规程》第 3.7、3.8 条; (2) Q/BEH-211.10-18—2019《防止电力生产事故的重点要求及实施导则》第 25.2.28 条

续表

序号	评价项目	标准分	查评方法及内容	评分标准	查评依据
2.3.4.2.20	自动化专业运行管理制度	5	现场检查自动化专业运行管理制度等资料，包括自动化专业岗位职责、工作标准及设备运行维护、机房安全防火、文明生产制度等	（1）未制定自动化专业运行管理制度，不得分。 （2）有运行管理制度，每缺少一种制度，扣1分；管理制度不完善、不规范，扣1分	（1）DL/T 516—2017《电力调度自动化系统运行管理规程》第3.8、4.2、4.6、5.1条； （2）Q/BEH-211.10-18 — 2019《防止电力生产事故的重点要求及实施导则》第25.1.1.10、25.2.10条
2.3.4.2.21	基建、改（扩）建工程自动化设备的验收与投运	5	（1）基建、改（扩）建工程自动化设备是否与一次设备同步完成建设、调试、验收与投运。 （2）查阅电厂基建、改（扩）建工程的自动化设备工程实施记录，抽查设备验收报告。 （3）查阅电厂相应的基建、改（扩）建工程自动化专业管理制度、办法	（1）自动化设备未与一次设备同步投运，不得分。 （2）专职（兼职）自动化专业技术人员未参加自动化设备安装投运验收工作，扣1分	（1）国家电网设备〔2018〕979号《国家电网有限公司关于印发十八项电网重大反事故措施（修订版）的通知》第16.1.2.1条； （2）DL/T 516—2017《调度自动化系统运行管理规程》第4.3条； （3）Q/BEH-211.10-18 — 2019《防止电力生产事故的重点要求及实施导则》第25.1.1.9、25.2.6条
2.3.4.2.22	自动化设备故障处理	5	（1）查阅自动化设备运行日志、记录和设备故障处理记录等资料。 （2）查阅自动化设备故障处置情况统计分析及报告等资料	（1）专业人员未按规定时间到达现场进行故障处置，每次扣2分；处理设备故障，无故障记录，扣1分。 （2）对自动化设备故障情况未定期进行分析，扣1分；统计分析报告不完善、不规范，扣1分	DL/T 516—2017《电力调度自动化系统运行管理规程》第5.2.2、5.2.5条
2.3.4.2.23	自动化设备的运行维护	10	现场检查自动化设备运行与维护记录，并核实电网调度机构相关考核情况	（1）未经调度机构同意，中断自动化设备信息采集、传输通道，不得分；未经调度机构同意，在自动化设备及其二次回路上工作和操作，扣2分。 （2）未严格执行调度机构设备检修申请制度等相关规定，扣2分	DL/T 516—2017《电力调度自动化系统运行管理规程》第5.2.7、5.2.8条
2.3.4.2.24	机组AGC（子站）	10	现场查阅AGC系统试验报告、运行定值、调节参数等资料	（1）无AGC系统试验报告，扣2分；电场AGC（子站）的控制策略和控制目标未达到并网调度协议的规定或调度机构专业管理的要求，不得分。 （2）电场AGC（子站）的调节参数均未满足调度机构考核管理的要求，不得分；其中任一项参数未满足要求，扣2分。 （3）上传调度的电场（机组）有功数据不准确、稳定，扣2分；状态信号（如投入/退出信号）不正确，扣2分。 （4）未经调度机构批准，电场自行中断或退出电场AGC（子站）功能，不得分；自行修改电场AGC（子站）的调节参数，不得分	（1）GB/T 31464—2015《电网运行准则》第6.11.3.6、5.4.2.3.4条； （2）DL/T 1870—2018《电力系统网源协调技术规范》第5.1、6.5.9条； （3）Q/BEH-217.10-18 — 2018《防止电力生产事故的重点要求及实施导则》第25.1.1.8、25.2.9条

序号	评价项目	标准分	查评方法及内容	评分标准	查评依据
2.3.4.2.25	AVC 运行及上传调度机构的状态信号	10	（1）现场查阅电场并网调度协议、AVC 系统试验报告与 AVC 有关内容等资料。 （2）检查自动化设备 AVC 投入/退出/闭锁等状态信号接入与运行情况。 （3）查阅电场 AVC（子站）运行日志记录等	（1）无 AVC 系统试验报告，扣 2 分；电场 AVC（子站）的控制策略和控制目标未达到并网调度协议的规定或调度机构专业管理的要求，不得分。 （2）电场 AVC（子站）的调节参数均未满足调度机构考核管理的要求，不得分；其中任一项参数未满足要求，扣 2 分。 （3）上传调度机构的 AVC 状态信号（如 AVC 投入/退出/闭锁等信号）均不正确，不得分；信号不稳定、可靠，扣 2 分。 （4）未经调度机构批准，电场自行中断或退出电场 AVC（子站）功能，不得分；自行修改电场 AVC（子站）的调节参数，不得分	（1）GB/T 31464—2015《电网运行准则》第 6.11.3.6、5.4.2.3.5 条； （2）DL/T 1870—2018《电力系统网源协调技术规范》第 5.1、6.5.9 条； （3）DL/T 516—2017《电力调度自动化系统运行管理规程》第 5.2.13 条； （4）Q/BEH—217.10—18—2018《防止电力生产事故的重点要求及实施导则》第 25.1.1.8、25.2.9 条
2.3.4.2.26	AVC 月投入率、调节合格率	5	现场检查 AVC 运行统计记录，并与所在电网调度机构核实，运行指标是否满足所在电网调度机构考核管理的要求（考核周期以月为单位）	电场 AVC 月可投入率未达到 98%以上，每降低一个百分点，扣 2 分；调节合格率未达到 96%以上，每降低一个百分点，扣 2 分 注：若所在电网调度机构考核要求，AVC 月可投入率应达到 98%以上，调节合格率要求达到 96%以上	GB/T 31464—2015《电网运行准则》第 5.4.2.3.5 条 b）款
2.3.5	电气二次检修管理	120			
2.3.5.1	检修项目、计划	25	主要检查风电场检修项目及计划执行情况： （1）检查检修计划是否合理，检修目标、进度、备件、材料、人工安排是否合理。 （2）检修项目是否完善，是否有缺项、漏项。 （3）检查修前、修后试验项目，是否有缺项、漏项和不合格项。 （4）检查重大检修项目的专用工器具台账，是否在存在工器具应检未检项目。 （5）检查设备检修台账是否完善	（1）检修计划不完善，检修目标、进度、材料、人工和费用安排不合理，每处扣 2 分。 （2）检修项目不完善，存在缺项、漏项和不合格，每处扣 2 分。 （3）修前、修后试验项目，存在缺项、漏项和不合格项，每处扣 2 分。 （4）专用工器具存在工器具应检未检项目，每处扣 2 分。 （5）缺设备检修台账，每项扣 2 分	
2.3.5.2	检修质量管理	25	查看设备检修管理制度及标准作业文件： （1）是否实行标准化检修管理，是否编制检修策划书，对专修技改项目是否制订安全组织措施、技术措施及施工方案。 （2）是否严格工艺要求和质量标准，是否实行检修质量控制和监督验收制度	（1）对专修技改项目未制订安全组织措施、技术措施及施工方案，每项扣 5 分。 （2）质量控制未严格执行验收制度，每项扣 5 分；执行不到位和验收资料不完整，每项扣 2 分	

序号	评价项目	标准分	查评方法及内容	评分标准	查评依据
2.3.5.3	检修记录	20	（1）检查检修记录是否覆盖设备检查、修理和复装的全过程。 （2）检修记录是否内容详细、字迹清晰、数据真实、测量分析准确，所有记录是否完整、正确、简明、实用	（1）设备检修记录不完善，每项扣 2 分；重要节点未能提供原始记录，扣 5 分。 （2）检修记录书写不清晰、数据不真实，每项扣 5 分，最高扣 10 分	
2.3.5.4	施工现场管理	30	（1）检修人员是否正确使用合格的劳保用品和工器具。 （2）检修现场的井、坑、沟及开凿的地面孔洞，是否设牢固围栏、照明及警示标识。 （3）检修现场是否落实易燃易爆危险物品和防火管理。 （4）现场作业是否履行工作票手续	（1）检修人员使用不合格的劳保用品和工器具，每项扣 10 分。 （2）检修现场无安全防护措施，不得分；安全措施不完善，每项扣 5 分。 （3）检修现场储存易燃易爆危险物品，不得分；施工现场有吸烟或有烟头，每例扣 10 分。 （4）现场检修未使用工作票，不得分；工作时工作负责人（监护人）不在现场，不得分	
2.3.5.5	修后设备技术资料管理	20	（1）现场检查档案室对修后设备的技术资料归档情况。 （2）检查 30 天内的设备台账更新情况	（1）修后技术资料未及时归档，每项扣 3 分，最高扣 15 分。 （2）未在规定时间内完成设备更新录入，每项扣 3 分，最高扣 15 分	
2.3.6	电测技术监督	40			
2.3.6.1	技术监督制度	30	（1）是否建立本单位的电测监督制度。 （2）各级电测监督岗位责任制是否明确，责任制是否落实	（1）无本单位制度，不得分。 （2）每缺一级责任制，扣 5 分；每一级责任制不落实，扣 5 分	Q/BJCE-219.17-17-2019《电测技术监督导则》
2.3.6.2	技术监督管理	10	是否有完善的计量仪器仪表检定制度，重要电能计量装置是否有完整检定报告	不符合要求，每项扣 3 分	Q/BJCE-219.17-17-2019《电测技术监督导则》
2.3.7	继电保护及安全自动装置技术监督	40			
2.3.7.1	技术监督制度	30	（1）是否建立本单位的继电保护监督制度。 （2）各级继电保护监督岗位责任制是否明确，责任制是否落实	（1）无本单位制度，不得分。 （2）每缺一级责任制，扣 5 分；每一级责任制不落实，扣 5 分	Q/BJCE-219.17-09-2019《继电保护及安全自动装置技术监督导则》
2.3.7.2	技术监督实施细则	10	是否结合本场站情况制订继电保护、励磁、自动装置的技术监督实施细则	无技术监督实施细则，不得分；制订内容不完善，每项扣 3 分	Q/BJCE-219.17-09-2019《继电保护及安全自动装置技术监督导则》

序号	评价项目	标准分	查评方法及内容	评分标准	查评依据
2.3.8	电能质量技术监督	30			
2.3.8.1	技术监督制度	30	（1）是否建立本单位的电能质量监督制度。 （2）各级电能质量监督岗位责任制是否明确，责任制是否落实	（1）无本单位制度，不得分。 （2）每缺一级责任制，扣5分；每一级责任制不落实，扣5分	Q/BJCE-219.17-18-2019《电能质量技术监督导则》
2.3.9	计量管理	50			
2.3.9.1	计量装置检测合格率	30	查阅计量装置台账及检测报告，计量装置检测率和合格率是否均为100%	（1）无台账或检测报告，扣5分。 （2）每降低1个百分点，扣2分	Q/BJCE-218.17-26-2019《节能管理办法》第5.2.9条、附录A.1.5
2.3.9.2	计量装置管理	20	（1）查阅计量装置缺陷记录。 （2）计量装置消缺率是否均为100%	（1）造成计量装置差错超过10万kWh以上的缺陷，扣10分。 （2）消缺率每降低1个百分点，扣2分	

2.4 信息网络安全

序号	评价项目	标准分	查评方法及内容	评分标准	查评依据
2.4	**信息网络安全**	**470**			
2.4.1	公共规范	120			
2.4.1.1	公共制度设置	50			
2.4.1.1.1	网络安全等级保护管理制度设置情况	10	检查网络安全等级保护管理制度是否设置，等级保护责任人、等级保护工作责任制是否明确	（1）设置网络安全等级保护管理制度，但未明确责任人或未落实责任制，扣5分。 （2）未设置网络安全等级保护管理制度，不得分	公安部《网络安全等级保护条例（征求意见稿）》第二十条
2.4.1.1.2	网络安全预警与信息通报制度设置情况	10	检查网络安全预警与信息通报制度是否设置，制度内容是否齐全、合理	（1）设置网络安全预警与信息通报制度，但内容不全或不合理，扣5分。 （2）未设置网络安全预警或未设置信息通报制度，不得分	国能安全〔2014〕317号《电力行业网络与信息安全管理办法》第十三条
2.4.1.1.3	网络与信息安全应急预案编制情况	10	检查是否编制网络与信息安全应急预案，预案内容是否齐全、合理	（1）编制网络与信息安全应急预案，但预案内容不合理，扣5分。 （2）未编制网络与信息安全应急预案，不得分	国能安全〔2014〕317号《电力行业网络与信息安全管理办法》第十四条
2.4.1.1.4	网络与信息系统容灾备份制度设置情况	10	检查网络与信息系统容灾备份制度是否设置，制度内容是否齐全、合理	（1）设置网络与信息系统容灾备份制度，但内容不全或不合理，扣5分。 （2）未设置网络与信息系统容灾备份制度，不得分	国能安全〔2014〕317号《电力行业网络与信息安全管理办法》第十六条

序号	评价项目	标准分	查评方法及内容	评分标准	查评依据
2.4.1.1.5	信息安全事件处置和上报	10	检查是否建立本单位信息安全事件处置流程和上报制度，流程是否齐全、无缺陷	（1）建立信息安全事件处置流程和上报制度，但流程存在缺陷或上报制度不全，扣5分。 （2）未设置信息安全事件处置流程，不得分	国能安全〔2014〕317号《电力行业网络与信息安全管理办法》第十五条
2.4.1.2	机构与人员管理	50			
2.4.1.2.1	网络安全管理机构设置情况	10	检查是否设置网络与信息安全管理机构，机构职责是否明确	（1）设置网络与信息安全管理机构，但未明确机构职责，扣5分。 （2）未设置网络与信息安全管理机构，不得分	国能安全〔2014〕317号《电力行业网络与信息安全管理办法》第七条
2.4.1.2.2	网络与信息安全专兼职岗位设置、职责分工和技能要求	10	检查网络与信息安全专兼职岗位是否设置，职责分工是否明确	（1）设置了网络安全专兼职岗位，职责分工和技能要求未明确，扣5分。 （2）未设置网络安全专兼职岗位，不得分	国能安全〔2014〕317号《电力行业网络与信息安全管理办法》第七条
2.4.1.2.3	全员进行安全意识教育的记录	10	检查是否对职工进行网络安全意识教育	（1）对全员进行过网络安全意识教育，但参加人员不全或记录不全，扣5分。 （2）未进行过全员网络安全意识教育，不得分	《中华人民共和国网络安全法》第三十四条
2.4.1.2.4	人员录用、离岗相关的信息安全管理制度	10	检查是否设置人员录用、离岗相关的信息安全管理制度	（1）设置人员录用、离岗相关的信息安全管理制度，但内容存在明显缺陷，扣5分。 （2）未设置人员录用、离岗相关的信息安全管理制度，不得分	公安部《网络安全等级保护条例（征求意见稿）》第二十一条
2.4.1.2.5	针对提供网络设计、建设运维、技术服务等外部人员的安全管理制度	10	检查是否设置外部人员安全管理制度，并为其提供网络设计建设运维和技术服务的机构和人员进行安全管理	（1）设置了针对提供网络设计、建设运维、技术服务等外部人员的安全管理制度，但内容不合理或不完整，扣5分。 （2）未设置针对提供网络设计、建设运维、技术服务等外部人员的安全管理制度，不得分	公安部《网络安全等级保护条例（征求意见稿）》第二十一条
2.4.1.3	建设与运维管理	20			
2.4.1.3.1	开展电力信息系统安全等级测评的记录	10	检查是否定期开展电力信息系统安全等级测评	（1）开展了电力信息系统安全等级测评，但存在部分重要系统未及时测评或测评记录不全，扣5分。 （2）未开展过电力信息系统安全等级测评，不得分	国能安全〔2014〕318号《电力行业信息安全等级保护管理办法》第十二条
2.4.1.3.2	开展网络与信息系统安全应急演练的记录	10	检查是否定期开展网络与信息系统安全应急演练	（1）开展了网络与信息系统安全应急演练，但开展间隔过长或记录不完备，扣5分。 （2）未开展网络与信息系统安全应急演练，不得分	国能安全〔2014〕317号《电力行业网络与信息安全管理办法》第十四条
2.4.2	机房安全	80			
2.4.2.1	日常维护管理	20			

序号	评价项目	标准分	查评方法及内容	评分标准	查评依据
2.4.2.1.1	机房巡检	10	检查是否设置机房巡检制度，巡检记录是否齐全	（1）设置机房巡检制度，但历史巡视记录或维护记录存在缺失，扣5分。 （2）未设置机房巡检制度，或历史巡视记录或维护记录全部缺失，不得分	GB/T 22239—2019《信息安全技术　网络安全等级保护基本要求》第6.1.9条
2.4.2.1.2	人员出入管理	10	检查是否设置机房人员出入管理制度，记录有无缺失	（1）设置机房出入管理制度，但历史出入记录存在缺失，扣5分。 （2）未设置机房出入管理制度，或历史出入记录全部缺失，不得分	GB/T 22239—2019《信息安全技术　网络安全等级保护基本要求》第6.1.9条
2.4.2.2	技术管理	60			
2.4.2.2.1	机房设置地理位置、物理条件	20	检查机房设置地理位置、物理条件是否合理	（1）机房设置地理位置及建筑结构基本合理，不满足机房设置的最低限度的温湿度、电磁干扰、粉尘等条件要求，或未设置合理的防雷击、静电措施，但有改善可能，每项扣5分。 （2）机房设置地理位置或建筑结构不合理，且无法满足机房设置的最低限度的温湿度、电磁干扰、粉尘等条件要求，不得分	GB 50174—2017《数据中心设计规范》第4、5、6章
2.4.2.2.2	机房供电系统、不间断电源情况	10	检查机房供电系统，是否采用专用配电变压器或专用回路供电，是否配备不间断电源	（1）机房供电系统采用专用配电变压器或专用回路供电，配备不间断电源但容量不足或未正确设置旁路装置，或未使用专用配电柜，扣5分。 （2）未采用专用配电变压器或专用回路供电，或未配备不间断电源，不得分	GB 50174—2017《数据中心设计规范》第8章
2.4.2.2.3	机房视频监控和门禁系统的设置情况	10	检查机房是否设置视频监控和门禁系统，运行是否正常	（1）机房设置视频监控和门禁系统，系统未正确配置或运行异常，扣5分。 （2）机房未设置视频监控或门禁系统，不得分	GB 50174—2017《数据中心设计规范》第11章
2.4.2.2.4	机房空调情况	10	检查机房是否设置空调，运转是否正常	（1）机房安装空调且运转正常但密度过低不符合冗余要求，扣5分。 （2）机房未安装空调或空调运转不正常，不得分	GB 50174—2017《数据中心设计规范》第7章
2.4.2.2.5	机房装修、消防安全	10	检查机房是否符合消防安全要求	（1）机房装修未使用耐火材料，或未设置物理隔离区，但配备正确类型的灭火装置，扣5分。 （2）未配备灭火装置或灭火装置类型不正确，不得分	GB 50174—2017《数据中心设计规范》第12、13章
2.4.3	网络设备	60			
2.4.3.1	日常维护管理	20			

续表

序号	评价项目	标准分	查评方法及内容	评分标准	查评依据
2.4.3.1.1	网络设备台账	10	检查网络设备台账，抽查实际设备状况	（1）网络设备台账信息（设备接入、变更、故障、备品备件信息）部分缺失，或部分与抽查情况不相符，扣5分。 （2）无台账或台账与抽查结果不相符，不得分	GB/T 22239—2019 《信息安全技术 网络安全等级保护基本要求》第7.1.10.2条
2.4.3.1.2	网络设备巡检情况	10	检查网络设备巡检记录	（1）未对网络设备运行状态进行定期巡视，或网络设备巡视及维护记录不完整，扣5分。 （2）未对网络设备运行状态进行巡视，或无网络设备的巡视及维护记录，不得分	GB/T 22239—2019 《信息安全技术 网络安全等级保护基本要求》第7.1.10.4条
2.4.3.2	技术管理	40			
2.4.3.2.1	电厂生产控制大区和管理信息大区的网络拓扑结构	10	检查电厂生产控制大区和管理信息大区的网络拓扑结构是否合理	（1）合理划分生产控制大区和管理信息大区，生产控制大区内部正确划分控制区和非控制区，妥善设置安全接入区，但没有正确的拓扑图，或管理人员无法正确分各设备、系统所属大区，扣5分。 （2）生产控制大区与管理信息大区划分错误，或控制区与非控制区划分错误，或应当设置而未设置安全接入区，不得分	国能安全〔2015〕36号《国家能源局关于印发电力监控系统安全防滑总体方案等安全防护方案和评估规范的通知》附件4《发电厂监控系统安全防护方案》第3章
2.4.3.2.2	电厂安全接入区的设置情况	10	检查电厂安全接入区的设置情况	（1）生产控制大区的业务系统在与其终端的纵向连接中使用无线通信网、电力企业的其他数据网（非电力调度数据网）或外部公用数据网VPN等方式进行通信，设置安全接入区，但部分通道未纳入安全接入区，扣5分。 （2）生产控制大区的业务系统在与其终端的纵向连接中使用无线通信网、电力企业的其他数据网（非电力调度数据网）或外部公用数据网VPN等方式进行通信，未设置安全接入区，不得分	国家发展改革委令第14号《电力监控系统安全防护规定》第八条
2.4.3.2.3	生产控制大区的无线接入情况	10	检查生产控制大区的拓扑及逻辑上的无线接入情况，而非电厂生产区域内设置无线热点的情况	（1）生产控制大区内安全接入区以外未设立无线接入热点，但使用具有无线通信功能的设备，且未实际进行无线通信，扣5分。 （2）生产控制大区内安全接入区以外设立无线接入热点，或使用具有无线通信功能的设备，且实际进行了无线通信，不得分	国家发展改革委令第14号《电力监控系统安全防护规定》第十三条
2.4.3.2.4	网络设备配置备份情况	10	检查网络设备配置备份记录	记录和保存网络设备的配置参数、拓扑结构等信息，未进行网络设备配置备份，不得分	GB/T 22239—2019 《信息安全技术 网络安全等级保护基本要求》第7.1.10.8条

序号	评价项目	标准分	查评方法及内容	评分标准	查评依据
2.4.4	安全设备	60			
2.4.4.1	日常维护管理	20			
2.4.4.1.1	安全设备台账	10	检查安全设备台账，抽查实际设备状况	（1）安全设备台账信息（设备接入、变更、故障、备品备件信息）部分缺失，或部分与抽查情况不相符，扣5分。 （2）无台账或台账与抽查结果不相符，不得分	GB/T 22239—2019 《信息安全技术 网络安全等级保护基本要求》第7.1.10.2条
2.4.4.1.2	安全设备巡检情况	10	检查安全设备巡检记录	（1）未对安全设备运行状态进行定期巡视，或安全设备巡视及维护记录不完整，扣5分。 （2）未对安全设备运行状态进行过巡视，或无安全设备的巡视及维护记录，不得分	GB/T 22239—2019 《信息安全技术 网络安全等级保护基本要求》第7.1.10.4条
2.4.4.2	技术管理	40			
2.4.4.2.1	纵向加密认证装置设置情况	10	检查生产控制大区与广域网的纵向连接处是否设置经认证的纵向加密认证装置或加密认证网关	（1）生产控制大区与广域网的纵向连接处设置电力专用的纵向加密认证装置或者加密认证网关，配置正确但产品未经国家指定部门检测认证，扣5分。 （2）未设置纵向加密认证装置或者加密认证网关，或设备未正确配置无法实现纵向加密认证功能，不得分	国家发展改革委令第14号《电力监控系统安全防护规定》第十条
2.4.4.2.2	管理信息大区的通用安全防护设备设置情况	10	检查管理信息大区是否统一部署防火墙等通用安全防护设备	（1）管理信息大区统一部署防火墙等通用防护设备，但未妥善配置，或运行存在问题但有修复可能，每项扣2分。 （2）管理信息大区未部署防火墙等通用设备，不得分	国能安全〔2015〕36号《国家能源局关于印发电力监控系统安全防滑总体方案等安全防护方案和评估规范的通知》附件1《电力监控系统安全防护总体方案》第2.1.6条
2.4.4.2.3	安全设备配置情况	10	检查安全设备是否进行合理的访问控制策略配置内容及顺序	网闸、防火墙、路由器、交换机等安全设备中存在多余或无效的访问控制规则，每冗余一条扣5分；无访问控制策略配置，不得分	
2.4.4.2.4	安全设备配置备份情况	10	检查安全设备配置备份记录	记录和保存安全设备的配置参数等信息，未进行安全设备配置备份，不得分	GB/T 22239—2019 《信息安全技术 网络安全等级保护基本要求》第7.1.10.8条
2.4.5	服务器与存储设备	70			
2.4.5.1	日常维护管理	30			
2.4.5.1.1	服务器台账	10	检查服务器台账，抽查实际设备状况	（1）服务器设备台账信息（设备接入、变更、故障、备品备件信息）部分缺失，或部分与抽查情况不相符，扣5分。 （2）无台账或台账与抽查结果不相符，不得分	GB/T 22239—2019 《信息安全技术 网络安全等级保护基本要求》第7.1.10.2条

序号	评价项目	标准分	查评方法及内容	评分标准	查评依据
2.4.5.1.2	服务器巡检	10	检查服务器巡检记录	（1）未对服务器运行状态进行定期巡视，或服务器巡视及维护记录不完整，扣5分。 （2）未对服务器运行状态进行过巡视，或无服务器的巡视及维护记录，不得分	GB/T 22239—2019《信息安全技术 网络安全等级保护基本要求》第7.1.10.4条
2.4.5.1.3	数据存储介质的控制和保护情况	10	检查数据存储介质的控制和保护情况	（1）数据存储介质存放环境安全，但未定期盘点或登记记录不全，扣5分。 （2）数据存储介质未妥善存放，不得分	GB/T 22239—2019《信息安全技术 网络安全等级保护基本要求》第7.1.10.3条
2.4.5.2	技术管理	40			
2.4.5.2.1	服务器数据备份	10	检查关键服务器操作系统和数据定期备份情况	（1）对关键服务器进行过操作系统和数据的备份，但未定期进行或备份间隔过长，或未进行备份恢复测试，扣5分。 （2）未对关键服务器进行操作系统或数据备份，不得分	GB/T 21028—2007《信息安全技术 服务器安全技术要求》第4.2.4条a）款
2.4.5.2.2	登录数据库管理系统的用户身份鉴别情况	10	检查是否对登录数据库管理系统的用户进行身份鉴别	（1）对登录数据库管理系统的用户进行身份鉴别，但未设置身份鉴别失败次数上限，扣5分。 （2）未对登录数据库管理系统的用户进行身份鉴别，不得分	GB/T 20273—2006《信息安全技术 数据库管理系统安全技术要求》第5.1条
2.4.5.2.3	数据库用户口令输入和存储情况	10	检查数据库的用户口令输入和存储方法	（1）用户口令输入时可见或未进行加密存储，扣5分。 （2）用户口令输入时可见且未进行加密存储，不得分	GB/T 20273—2006《信息安全技术 数据库管理系统安全技术要求》第5.1条
2.4.5.2.4	数据存储的容灾备份情况	10	检查是否定期对关键业务的数据进行备份，并异地保存历史归档数据	（1）定期进行容灾备份，但历史归档数据未异地保存，扣5分。 （2）未定期进行容灾备份，不得分	国能安全〔2015〕36号《国家能源局关于印发电力监控系统安全防滑总体方案等安全防护方案和评估规范的通知》附件4《发电厂监控系统安全防护方案》第5.6条
2.4.6	终端办公设备	50			
2.4.6.1	日常维护管理	10			
2.4.6.1.1	终端设备台账	10	检查终端设备台账，抽查实际设备状况	（1）终端设备台账信息（设备接入、变更、维修信息）部分缺失，或部分与抽查情况不相符，扣5分。 （2）无台账或台账与抽查结果不相符，不得分	
2.4.6.2	技术管理	40			
2.4.6.2.1	系统加固情况	10	检查终端计算机是否及时安装系统补丁	系统未安装全部补丁（兼容性等合理理由除外），不得分	GB/T 37094—2018《信息安全技术 办公信息系统安全管理要求》第4.2.5.2条

序号	评价项目	标准分	查评方法及内容	评分标准	查评依据
2.4.6.2.2	防病毒软件安装情况	10	检查终端计算机是否安装有效的防病毒软件	（1）系统安装有效的防病毒软件，但并未更新至最新的病毒库，或未定期扫描，扣 5 分。 （2）系统未安装有效的防病毒软件，不得分	
2.4.6.2.3	用户口令设置情况	10	检查终端计算机是否设置满足复杂度要求的用户口令及定时锁定	（1）系统设置用户登录口令和定时锁定，但复杂度不符合要求或未定期更换，扣 5 分。 （2）系统未设置登录口令或未设置定时锁定，不得分	
2.4.6.2.4	终端计算机操作系统及软件正版化情况	10	检查终端计算机操作系统及软件正版化情况	（1）安装了正版操作系统或 OEM 系统和部分正版办公系统，但存在盗版办公软件，扣 5 分。 （2）安装盗版操作系统，不得分	
2.4.7	电力监控系统	30			
2.4.7.1	技术管理	30			
2.4.7.1.1	选用的电力监控系统设备	5	检查选用的电力监控系统设备中是否存在经国家能源局通报存在漏洞和风险的系统和设备	（1）选用经国家能源局通报存在漏洞和风险的系统和设备，但通过技术手段修复或经过具有资质的安全认证机构检测可以消除，扣 5 分。 （2）选用经国家能源局通报存在漏洞和风险的系统和设备，且缺陷无法消除，不得分	国家发展改革委令第 14 号《电力监控系统安全防护规定》第十三条
2.4.7.1.2	生产控制大区重要业务（DCS/AGC/AVC）远程通信的加密认证机制	5	检查生产控制大区重要业务（DCS/AGC/AVC）远程通信是否采用加密认证机制	生产控制大区重要业务（DCS/AGC/AVC）远程通信未采用加密认证机制，不得分	国能安全〔2015〕36 号《国家能源局关于印发电力监控系统安全防滑总体方案等安全防护方案和评估规范的通知》附件 1《电力监控系统安全防护总体方案》第 2.1.5 条
2.4.7.1.3	生产控制大区控制区的业务系统部署方式	10	检查生产控制大区控制区的业务系统是否采用冗余部署方式	生产控制大区内控制区的业务系统未采用冗余部署方式，不得分	国能安全〔2015〕36 号《国家能源局关于印发电力监控系统安全防滑总体方案等安全防护方案和评估规范的通知》附件 4《发电厂监控系统安全防护方案》第 5.6 条
2.4.7.1.4	电力监控系统口令管理情况	10	检查电力监控系统口令复杂度和有效期要求，如果设备不支持设置口令复杂度或有效期要求，检查系统管理账号口令复杂度和替换记录、系统管理口令存储方式及加密情况，检查系统用户口令输入时是否可见	（1）无专人管理电力监控系统管理账户口令，扣 5 分。 （2）电力监控系统未设置口令复杂度要求或口令复杂度低于标准（8 位以上，兼具大小写英文字母、数字及符号，未曾使用），扣 5 分。 （3）电力监控系统未设置口令有效期要求或口令有效期要求低于标准（不长于 3 个月），扣 5 分。 （4）口令输入时可见或未进行加密存储，扣 5 分	GB/T 22239—2019《信息安全技术 网络安全等级保护基本要求》第 8.1.10.6 条

3　生产管理

3.1　设备管理

序号	评价项目	标准分	查评方法及内容	评分标准	查评依据	适用范围
3.1	设备管理	**270**				
3.1.1	设备基础管理	100				
3.1.1.1	设备台账管理	30	现场检查设备台账记录： （1）是否有完整的设备台账。 （2）设备台账记录是否准确。 （3）新增设备或设备异动验收后，设备台账责任人是否录入并已更新	（1）未建立设备台账，不得分。 （2）设备台账记录不准确，每处扣 3 分，最高扣 15 分。 （3）新增设备或设备异动验收后未在规定的时间内及时更新设备台账，每缺少一处扣 2 分，最高扣 15 分		查分公司、场站
3.1.1.2	设备质量管理	20	检查设备验收制度及设备验收单： （1）是否建立设备验收制度。 （2）新增或改造设备是否严格履行验收制度	（1）未建立设备验收制度，扣 10 分。 （2）新增或改造设备未严格履行验收制度，每台扣 3 分，最高扣 10 分	电监安全〔2011〕23 号《发电企业安全生产标准化规范及达标评级标准》第 5.6.1.2 条	查分公司、场站
3.1.1.3	备品备件管理	50	（1）检查相关文件资料，询问或现场检查，风电场是否有相应人员负责备品备件的管理，是否已经建立备品备件采购计划表、备品备件出入库登记表、备品备件使用统计表、备品备件维修记录表、备品备件合格证、质量保证书等资料，是否建立严格的保管制度，是否做好防止变形、变质、腐蚀、损伤等措施。	（1）无管理制度，扣 20 分。 （2）备品备件无计划，扣 10 分。 （3）无专人（兼）管理，扣 10 分。 （4）无入库、出库登记记录，入库验收手续，出库领料审批单，扣 10 分；手续不合格，每次扣 5 分。 （5）存放不符合要求，每处扣 5 分。 （6）无待修备品备件区、废品区、应急物资区，扣 10 分；无明显标签，每处扣 2 分。	DL/T 797—2012《风力发电场检修规程》第 6.2 条	查分公司、场站

序号	评价项目	标准分	查评方法及内容	评分标准	查评依据	适用范围
3.1.1.3	备品备件管理	50	（2）现场检查备品备件库存情况，是否按照可靠性和经济性原则，结合风电场装机情况、设备故障概率、采购周期、采购成本和检修计划配备风力发电场所需的备品备件，是否按照不同属性分类保管，及时更新备品备件库资料，做到账、卡、物一致	（7）备品备件的台账不能真实反映库存，账、卡、物不相符，每处扣 5 分。 （8）货架无防倾倒措施，扣 10 分；措施不完备，扣 5 分	DL/T 797—2012《风力发电场检修规程》第 6.2 条	查分公司、场站
3.1.2	设备缺陷管理	40	查设备缺陷管理标准、设备消缺计划完成情况、缺陷记录： （1）是否建立设备缺陷管理标准，并严格执行。 （2）D 类缺陷是否有统计、分析、预防、考核等内容。 （3）所有缺陷都是否有提出、消除、验收的闭环管理机制。 （4）是否有设备缺陷填写不规范、缺陷类别错误、内容不全、描述错误等情况	（1）未建立设备缺陷管理标准，扣 10 分。 （2）D 类缺陷缺少统计、分析、预防、考核等内容，每个缺陷扣 3 分，最高扣 15 分。 （3）未实行闭环管理，扣 5 分。 （4）缺陷填写不规范，每次扣 2 分，最高扣 10 分		查分公司、场站
3.1.3	人员管理	20	查定员资料，现场询问： （1）各岗位是否有明确的职责，并认真落实。 （2）运维人员是否进行合理的绩效考核	（1）未建立岗位职责或未落实岗位职责，扣 10 分。 （2）无绩效考核，扣 10 分；考核不合理，扣 5 分，最高扣 10 分		查分公司、场站
3.1.4	设备异动管理	60	检查设备异动资料、设备异动台账和相关记录： （1）企业是否已制定设备异动相关管理标准。 （2）检修部门是否按要求填写设备异动申请单，并履行审批手续。 （3）异动设备投产一个月后，是否按要求完成设备异动通知单。 （4）运行人员是否对所有异动申请单组织学习。 （5）设备异动完成后，是否整理并修订相应的规程、规范（修订周期一般不超过一年）	（1）未制定设备异动管理标准，扣 10 分。 （2）未按规定填写设备异动申请单，每项扣 5 分，最高扣 15 分。 （3）未按期完成设备异动通知单，每项扣 5 分，最高扣 15 分。 （4）运行人员未对设备异动通知单组织学习，扣 10 分。 （5）设备异动完成后，未按规定修订规程、系统图，每项扣 3 分，最高扣 10 分	Q/BJCE-218.17-41—2019《设备异动管理规定》	查分公司、场站

续表

序号	评价项目	标准分	查评方法及内容	评分标准	查评依据	适用范围
3.1.5	可靠性管理	50	检查可靠性管理相关资料、数据： （1）是否建立可靠性管理标准。 （2）可靠性管理网络是否健全。 （3）专责人员是否符合岗位规范要求。 （4）可靠性基础数据是否完整、准确，是否定期有可靠性分析、可靠性专题报告。 （5）可靠性报告内容是否完整（应包括主可靠性指标月度和年累计完成情况、与上年同期对比情况、与目标值的偏差分析，对事件类别、原因和损失等进行分析），并提出相应的措施和建议	（1）未制定可靠性管理标准，扣15分。 （2）可靠性管理网络不健全，扣5分。 （3）可靠性专责人员未参加可靠性培训并取得相应证书，扣10分。 （4）数据不完善，无可靠性分析、专题报告，每项扣5分，最高扣10分。 （5）可靠性分析、专题报告内容不全、分析不具体，每处扣2分，最高扣10分。 （6）虚报、瞒报或提供虚假数据、信息或被中国电力企业联合会通报，不得分	Q/BJCE-218.17-42—2019《可靠性管理规定》	查分公司、场站

3.2　运行管理

序号	评价项目	标准分	查评方法及内容	评分标准	查评依据	适用范围
3.2	**运行管理**	**280**				
3.2.1	运行管理标准	100				
3.2.1.1	运行规程、系统图	60	（1）检查现场运行规程是否为已颁布正式版。 （2）运行规程是否经过正式审批手续。 （3）运行规程、系统图是否按要求进行修订；运行设备系统发生变更时，是否对规程及系统图予以补充或修订，并在此设备系统投运。 （4）运行规程、系统图内容是否全面，是否有严重错误	（1）运行规程、系统图册未在规定时间内发布正式版，每项扣20分。 （2）运行规程、系统图未履行审批手续，扣10分。 （3）运行规程、系统图未按要求进行修订，扣10分。 （4）运行规程、系统图内容不全、存在严重错误，每处扣5分，最高扣20分		查分公司、场站
3.2.1.2	运行管理标准、各岗位工作标准和各专业技术标准	40	（1）现场检查是否按照要求建立运行管理各项管理标准、各岗位工作标准和技术标准。 （2）标准是否为最新标准，审核、编制、批准、公布时间是否齐全。 （3）检查有无标准培训、考试记录	（1）各项管理标准、各岗位工作标准和技术标准不健全，每处扣5分，最高扣20分。 （2）标准未及时修订，每项扣3分，最高扣10分。 （3）标准缺少审核、编制、批准、公布时间，每项扣3分，最高扣10分。 （4）未对发布的新标准进行培训、考试，扣5分	Q/BJCE-218.17-04—2019《风力、光伏发电企业运行管理规定》	查分公司、场站

序号	评价项目	标准分	查评方法及内容	评分标准	查评依据	适用范围
3.2.2	各岗位人员配置及培训	30	现场检查运行各岗位人员配备情况及相关记录： （1）各岗位人员上岗、转岗和重新上岗是否履行公司审批手续。 （2）各岗位人员上岗、转岗和重新上岗是否进行培训和考评工作。 （3）新入职员工是否开展入职安全培训，并留有记录	（1）各岗位人员上岗、转岗和重新上岗未履行公司审批手续，扣10分。 （2）各岗位工作人员未进行上岗、转岗和重新上岗前的培训和考评工作，每项扣5分，最高扣10分。 （3）新入职员工未开展入职安全培训，每项扣3分，最高扣10分		查分公司、场站
3.2.3	运行分析	80				
3.2.3.1	专题分析	40	检查专题分析记录： （1）是否按规定开展专题分析活动。 （2）分析内容是否充实,结果和过程是否正确、全面	（1）未按规定开展分析，不得分。 （2）分析专业性不强，分析不到位，每项扣3分		查场站
3.2.3.2	事故、障碍、异常运行分析	20	检查事故、障碍、异常运行分析记录： （1）是否按规定开展分析活动。 （2）分析内容是否充实,对事故、障碍和异常的分析是否正确、全面	（1）未按规定开展分析，不得分。 （2）分析专业性不强，分析不到位，每项扣3分		查场站
3.2.3.3	运行综合分析	20	检查运行综合分析记录： （1）是否按规定开展运行综合分析。 （2）风力、光伏发电企业组织生产运行管理部室是否定期（每年、季、月）进行分析。 （3）运行综合分析内容是否充实,能否反映机组运行实际情况	（1）未按规定开展分析，不得分。 （2）分析未达到规定频次，每缺少一个专业，扣5分。 （3）分析专业性不强，不能反映机组运行实际情况，起不到对现场运行的指导作用，每处扣3分		查分公司
3.2.4	运行事故应急管理	70				
3.2.4.1	应急预案	30	检查运行现场配置应急处置卡和相关应急预案： （1）场站是否配置分公司事故应急预案和场站现场处置方案。 （2）各级岗位人员是否掌握事故类型辨识和判断、事故的处置和应急响应程序、应急设备设施的使用和信息报送以及善后方法等内容	（1）运行现场无应急处置卡和相关应急预案，不得分。 （2）现场考问生产岗位人员事故类型辨识和判断、事故的处置和应急响应程序、应急设备设施的使用和信息报送以及善后方法等内容，不熟悉的，每人扣5分		查场站

序号	评价项目	标准分	查评方法及内容	评分标准	查评依据	适用范围
3.2.4.2	应急培训及演练	20	检查应急预案培训及演练记录： （1）各分公司、风电场站、光伏场站是否按规定进行演练。 （2）应急演练记录是否完整，演练方案、评估报告、演练总结等文字性材料以及演练过程中的照片、视频、音频等资料是否汇总存档	（1）应急预案和现场处置方案未按计划进行培训和演练，每项扣5分。 （2）应急演练记录不完整，每项扣5分		查场站
3.2.4.3	运行应急处置能力	10	现场考问运行人员各级岗位消防、触电、中毒、烫伤等急救设施的使用方法	不合格，每次扣2分		查场站
3.2.4.4	升级监护	10	现场检查升级监护记录台账： （1）是否有重大操作升级监护记录台账。 （2）各岗位人员能否按规定监护到位	（1）现场无重大操作升级监护记录台账，不得分。 （2）升级监护记录台账记录不全，每处扣2分		查场站

3.3　检修管理

序号	评价项目	标准分	查评方法及内容	评分标准	查评依据	适用范围
3.3	**检修管理**	**220**				
3.3.1	检修管理体系与标准	80				
3.3.1.1	检修管理体系、标准	40	（1）检查企业检修管理体系、标准是否健全（管理、工作、技术等）。 （2）相关标准是否履行相关审批手续。 （3）标准是否得到有效执行	（1）检修管理体系、标准不健全，每项扣5分，最高扣20分。 （2）相关标准未按规定审批，每项扣5分，最高扣20分。 （3）标准执行不到位，每项扣3分，最高扣10分		查分公司、场站
3.3.1.2	检修规程	40	查阅检修规程是否正确、有效、完善、齐全，至少应包括风机、变电站等	（1）检修规程未正式发布，或未按期及时修订，扣20分。 （2）检修规程内容不全、存在严重错误，每处扣3分，最高扣20分	电监安全〔2011〕23号《发电企业安全生产标准化规范及达标评级标准》第5.6.1.2条	查分公司、场站
3.3.2	检修过程控制	80				
3.3.2.1	检修策划	40	检查检修策划文件： （1）是否有检修策划书，并按照要求进行审批。	（1）未按要求编制检修策划书，扣15分；检修策划书未按要求审批，扣10分。		查分公司、场站

序号	评价项目	标准分	查评方法及内容	评分标准	查评依据	适用范围
3.3.2.1	检修策划	40	（2）检修策划书内容是否完善（至少应包括组织机构、分工和职责、检修前设备状况分析、检修项目、类别及进度、检修"三措"、质量验收等内容）。 （3）专项大修是否编制立项文件（可研报告）、立项批复、招标技术要求等文件	（2）检修策划书内容缺失，每处扣 2 分，最高扣 10 分。 （3）技术改造、专项大修未编制管理文件包，每项扣 5 分；内容缺失，每项扣 2 分		查分公司、场站
3.3.2.2	检修过程文件	40	（1）检查检修过程的执行文件（如安全培训、技术交底、开工审批、工作票许可、作业指导书或工艺卡、重大节点监控、原始数据记录表、验收文件等）是否齐全准确，能否准确反映和记录检修过程管理程序和技术工艺实施情况。 （2）检修过程中发现重大设备问题时，是否立即分析原因并制订解决方案。 （3）是否严格工艺要求和质量标准，是否实行检修质量控制和监督验收制度，是否严格检修作业中停工待检点和见证点的检查签证。 （4）检修过程能否通过日报、违章曝光等形式及时公布相关信息，各类违章现象能否得到及时纠正和制止	（1）执行文件不符合要求，每处扣 2 分。 （2）重大问题无详细的缺陷分析和处理方案，每项扣 2 分；重大缺陷未处理，每项扣 5 分。 （3）质量控制未严格执行验收制度，每项扣 5 分；执行不到位和验收资料不完整，每项扣 2 分。 （4）未及时发布检修日报、违章等信息，每项扣 2 分；不符合要求，每处扣 5 分		查分公司、场站
3.3.3	检修总结及效果评价	60				
3.3.3.1	检修总结	20	（1）所属单位是否在检修完成后 45 天内完成检修工作总结，上报京能清洁能源公司。 （2）检查检修总结内容（对检修中的安全、质量、项目、工时、材料消耗、费用进行统计分析，对机组试运行情况进行总结，完成检修经济技术评价）是否齐全	（1）未完成检修工作总结，不得分。 （2）未在规定时间内上报检修总结，扣 5 分。 （3）检修总结内容不全，每项扣 3 分，最高扣 15 分		查分公司、场站
3.3.3.2	检修后评价	30	检查机组修前与修后评价报告： （1）设备检修是否开展修前、修后评价。 （2）修后经济技术指标是否优于修前	（1）未开展修前、修后评价，不得分。 （2）设备检修后的经济技术指标低于修前，扣 10 分		查分公司、场站
3.3.3.3	专项大修完成率	10	经京能清洁能源公司下达的专项大修项目，重大非标项目完成率是否大于 90%	不满足要求，不得分		查分公司、场站

3.4 技术监督管理

序号	评价项目	标准分	查评方法及内容	评分标准	查评依据	适用范围
3.4	**技术监督管理**	**250**				
3.4.1	技术监督体系	120				
3.4.1.1	技术监督网络	50	（1）是否建立以主管生产副总经理或总工程师领导下的技术监督网，技术监督网体系是否健全，监督项目是否覆盖齐全（应包括绝缘技术监督、电测技术监督、化学技术监督、继电保护及安全自动装置技术监督、电能质量技术监督、振动监督、风机自动控制监督、塔筒沉降监督、金属技术监督9个专业）。 （2）各级监督岗位责任制是否明确，责任制是否落实。 （3）是否及时（人员变化后三个月内）根据人员变化完善	（1）未建立监督网，不得分；技术监督网络不全，每项扣5分。 （2）每缺一级责任制，扣2分；每一级责任制不落实，扣5分。 （3）未及时根据人员变化修订技术监督网络，每项扣5分	DL/T 1051—2019《电力技术监督导则》第5.3.1条	查分公司
3.4.1.2	运转情况	30	技术监督体系是否运转良好	未按技术监督工作制度及细则规定开展工作，每次扣3分		查分公司、场站
3.4.1.3	技术监督标准、反措、实施细则	20	检查有关标准目录及细则： （1）国家、行业的有关本专业监督标准、规程、反措及京能清洁能源公司相关制度和技术标准等资料是否齐全、最新有效（参考京能集团颁布的标准清单）。 （2）是否贯彻执行国家、行业及上级有关技术监督的指示、规定、标准及反措，并结合公司实际制订具体的实施细则	（1）标准、规程、反措存在过期、作废标准，每份扣2分。 （2）对上级技术监督指示、规定、标准及反措无具体实施细则，扣5分	DL/T 1051—2019《电力技术监督导则》	查分公司、场站
3.4.1.4	技术监督档案	20	检查技术监督档案资料，技术监督主要设备档案及技术档案是否建立健全	（1）未建立，不得分。 （2）不健全，扣10分		查分公司、场站
3.4.2	技术监督体系的执行情况及效果	130				
3.4.2.1	技术监督问题整改情况	50	检查技术监督发现的问题及整改计划； （1）技术监督发现的问题及设备异常是否制定整改措施或计划。 （2）重大问题及监督指标长期异常是否制定专项整改措施。	（1）技术监督发现的问题及设备异常未制定整改措施或计划，每项扣5分。 （2）重大问题及监督指标长期异常未制定专项整改措施，每项扣10分。		查分公司、场站

序号	评价项目	标准分	查评方法及内容	评分标准	查评依据	适用范围
3.4.2.1	技术监督问题整改情况	50	（3）措施是否落实，问题是否进行闭环处理。 （4）是否存在告警限期内应解决的问题未解决情况	（3）措施未落实，问题未进行闭环处理，每项扣5分。 （4）告警限期内未解决问题，每项扣10分；拖延解决，每项扣10分		查分公司、场站
3.4.2.2	技术监督工作计划及完成情况	10	检查技术监督计划，是否制订公司年度技术监督工作计划，并按计划完成	（1）未制订公司年度技术监督工作计划，不得分。 （2）计划中缺项，每项扣2分。 （3）未按计划完成，每项扣2分		查分公司、场站
3.4.2.3	技术监督会议及报告	20	检查每年的技术监督会议记录、监督报告： （1）分公司是否组织召开技术监督会议（每年至少2次）并有会议记录。 （2）是否制订技术监督报告，其内容是否全面	（1）未召开会议，扣10分；无会议记录，扣5分。 （2）无技术监督报告，扣10分；技术监督报告内容缺失，扣5分	DL/T 1051—2019《电力技术监督导则》第5.3.5、6.1条	查分公司
3.4.2.4	反措计划及实施	20	检查反措计划： （1）是否根据检修和运行计划制订设备年度反措计划，实施情况如何。 （2）上一年度反措计划是否完成	（1）未结合本场站年度检修和运行计划制订设备年度反措计划，不得分。 （2）反措计划未涵盖全部检修计划内容，每项扣2分。 （3）上一年度反措计划未完成，每项扣2分	Q/BEH-211.10-02—2019《安全生产工作规定》第5.6.6.1条	查分公司、场站
3.4.2.5	设备事故分析及防范措施	30	检查事故分析报告及防范措施： （1）是否发生与技术监督工作不力相关的设备事故。 （2）是否对本场站设备重大事故和缺陷组织分析原因并制订防范措施	（1）发生与技术监督工作不力相关设备一类障碍，每项扣5分；一般设备事故，扣10分；重大设备事故，不得分。 （2）缺少事故分析会议记录及相关报告，扣10分		查分公司、场站

3.5 技术改造管理

序号	评价项目	标准分	查评方法及内容	评分标准	查评依据	适用范围
3.5	**技术改造管理**	**240**				
3.5.1	技术改造管理标准、体系	30	（1）是否编制技术改造管理标准。	（1）未制定本公司技术改造管理标准，扣10分；制度内容缺项或有明显错误，每项扣2分，最高扣10分。	Q/BJCE-218.17-20—2019《技改项目管理规定》	查分公司

序号	评价项目	标准分	查评方法及内容	评分标准	查评依据	适用范围
3.5.1	技术改造管理标准、体系	30	（2）风电单项资金在 200 万元及以上的技术改造项目是否成立由生产分管领导负责的专项组织机构，是否按要求编制项目进度计划、绘制施工网络图、制订质量要求、起草技术协议、组织施工、定期评估项目实施进展、编制项目竣工报告	（2）未按规定成立公司技术改造专项管理机构，每项扣 5 分；未按要求开展技术改造相关日常管理工作，每项扣 2 分，最高扣 10 分	Q/BJCE－218.17－20—2019《技改项目管理规定》	查分公司
3.5.2	技术改造中长期规划	20	检查企业的技术改造中长期规划： （1）是否结合本单位设备情况，内容如何。 （2）是否纳入年度工作计划	（1）无规划、计划或内容空洞，不得分。 （2）中长期规划，未纳入企业的年度工作计划，扣 5 分	Q/BJCE－218.17－20—2019《技改项目管理规定》	查分公司
3.5.3	技术改造项目过程管理	80	检查公司技术改造项目过程文件： （1）各技术改造项目可行性研究报告是否齐全（可行性报告应包括项目概况、立项原因及资金计划、设计方案、工程概算、经济效益、社会效益等），指标是否具体、翔实。 （2）技术改造项目是否按要求编写总结报告。 （3）已竣工技术改造项目是否按要求开展项目施工管理，是否有竣工验收单、竣工报告、投运报告	（1）未编制技术改造可行性研究报告，每项扣 10 分；技术改造可研报告内容错误或不全，每项扣 2 分；最高扣 30 分。 （2）未编制技术改造项目总结报告，每项扣 10 分；报告内容错误或不全，每项扣 2 分；最高扣 30 分。 （3）未按要求开展竣工验收，每项扣 10 分；未编写竣工报告或投运报告，每项扣 5 分，最高扣 20 分；竣工验收单、竣工报告、投运报告内容错误或不全，每项扣 2 分，最高扣 30 分	Q/BJCE－218.17－20—2019《技改项目管理规定》	查分公司、场站
3.5.4	技术改造跨转	40	查检 ERP 上一年度技术改造项目跨转情况	上一年度未完成技术改造项目，未在 ERP 上完成跨转，每项扣 10 分	Q/BJCE－218.17－20—2019《技改项目管理规定》	查分公司
3.5.5	技术改造后评价	70				
3.5.5.1	项目评价管理	30	已竣工项目是否开展项目验收评价工作，是否按要求编写项目评价报告	（1）已竣工项目未开展项目验收评价工作，每项扣 10 分。 （2）未编写项目评价报告，每项扣 5 分；评价报告内容错误或不全，每项扣 2 分，最高扣 20 分	Q/BJCE－218.17－20—2019《技改项目管理规定》	查分公司
3.5.5.2	节能减排、提质增效类项目后评价	20	节能减排、提质增效类项目是否在投运一年后进行评估工作，评估工作是否在项目竣工后 15 个月内完成	未按期完成后评价，每项扣 10 分	Q/BJCE－218.17－20—2019《技改项目管理规定》	查分公司
3.5.5.3	技术改造效果	20	检查技术改造项目报告和现场调查改造效果是否达到预期	未达到项目预期，每项扣 5 分	Q/BJCE－218.17－20—2019《技改项目管理规定》	查分公司

3.6 文明生产

序号	评价项目	标准分	查评方法及内容	评分标准	查评依据	适用范围
3.6	文明生产	**110**				
3.6.1	无渗漏管理	20	（1）发电设备、辅助设备是否有严重漏点。 （2）综合水泵房设施是否无滴漏	（1）对渗漏未采取相关措施，每处扣2分，最高扣10分。 （2）查现场渗漏点，每点扣1分，最高扣10分		查场站
3.6.2	文明生产管理	35				查场站
3.6.2.1	责任制	10	文明生产责任区是否划分清晰、落实到人	不合格，每处扣2分		查场站
3.6.2.2	现场标识	5	设备名称、介质流向、执行机构的操作方向、转动设备转动方向等标识是否规范、齐全、正确、清晰	不合格，每处扣1分		查场站
3.6.2.3	设备本体	5	设备是否见本色，电源、仪表控制盘内外是否干净、整齐	不合格，每处扣1分		查场站
3.6.2.4	电缆沟	5	电缆沟内是否无积水、杂物	不合格，每处扣2分		查场站
3.6.2.5	沟道、孔洞防护	5	沟道、孔洞盖板、遮栏、栏杆是否完好	不合格，每处扣2分		查场站
3.6.2.6	保温	5	管道保温是否良好并符合规定	不合格，每处扣1分		查场站
3.6.3	生产区域管理	20	检查控制室、配电室、继电保护室、微机室、工器具室、风机塔筒内等是否做到以下要求： （1）责任制明确。 （2）清洁整齐，无卫生死角，无杂物，无乱堆放设备材料，地面无积水、积灰、积油	（1）责任制不明确，每处扣2分。 （2）现场杂乱，物品堆放混乱，卫生条件差，每处扣1分		查场站
3.6.4	办公室、更衣室、班组学习室、休息室定置管理	20	是否做到"五净"（门窗、桌椅、地面、箱柜、墙壁）、"五整齐"（桌椅、箱柜、桌面用品、墙上图表、规桌内物品）	不合格，每处扣2分		查场站
3.6.5	着装管理	15	员工是否按进入生产现场规定统一着装，着装是否符合安全、卫生、劳动防护规定要求，是否佩戴岗位标识	不符合安全、卫生、劳动防护规定要求，每人次扣1分		查场站

3.7 科技管理

序号	评价项目	标准分	查评方法及内容	评分标准	查评依据	适用范围
3.7	**科技管理**	**230**				
3.7.1	科技项目储备中长期规划的制定	20	检查是否结合本企业发展及生产实际问题制定科技项目储备中长期规划，规划是否具备一定的可行性	（1）无项目储备规划，不得分。 （2）不符合企业发展、无可行性，扣 10 分		查分公司
3.7.2	科技创新激励机制的建立及落实	20	检查有无企业科技创新制度，制度是否落实	（1）无制度，不得分。 （2）有制度、未进行落实，扣 10 分		查分公司
3.7.3	年度科技工作计划的制定及落实	30	检查是否结合企业承担科技项目制定科技工作制度，内容是否完整、翔实	（1）无年度工作计划，不得分。 （2）有计划、无可行性、未进行落实，扣 10 分		查分公司
3.7.4	科技项目变更率	100	检查企业承担科技项目是否按计划任务书正常开展	（1）集团级科技项目撤销，每项扣 40 分。 （2）企业级科技项目撤销，每项扣 20 分。 （3）集团级科技项目延期，每项扣 20 分。 （4）企业级科技项目延期，每项扣 10 分		查分公司
3.7.5	科技项目验收通过率	60	检查企业承担科技项目是否如期通过验收	（1）集团级科技项目未通过验收，每项扣 30 分。 （2）企业级科技项目未通过验收，每项扣 20 分		查分公司

4　劳动安全与作业环境

4.1　劳动安全

序号	评价项目	标准分	查评方法及内容	评分标准	查评依据	适用范围
4.1	劳动安全	**860**				
4.1.1	电气管理	235				
4.1.1.1	电气安全用具使用及管理	70	台账是否完整（至少应包括序号、名称、编号、型号、检验日期、结论、检验人或单位、下次检验时间）			
4.1.1.1.1	绝缘操作杆、绝缘手套、绝缘靴、验电器	20	（1）企业是否建立电气安全用具相关管理制度。 （2）厂（场）站是否根据电气系统的电压等级配备相应的电气安全用具，并建立台账。 （3）按附录 A 评价检查表（第 01 号）检查台账用品是否符合安全要求	（1）未建立电气安全用具相关管理制度，不得分。 （2）未根据本厂（场）站电气系统的电压等级配备齐全的电气安全用具，不得分；未建立台账、定期检查试验责任制未落实，不得分；台账与实际不符，每件扣 2 分。 （3）检查 1 件不符合要求，扣 5 分；2 件及以上不符合要求，不得分	（1）GB 26860—2011《电力安全工作规程　发电厂和变电站电气部分》； （2）DL/T 1476—2015《电力安全工器具预防性试验规程》	制度文本查分公司，其他查场站

续表

序号	评价项目	标准分	查评方法及内容	评分标准	查评依据	适用范围
4.1.1.1.2	携带型短路接地线	20	（1）是否建立携带型短路接地线台账。 （2）对照台账按附录A评价检查表（第01号）所列相关内容检查是否符合要求。 （3）现场检查携带型短路接地线使用情况或抽查相关工作票是否符合要求。 （4）是否定期进行热稳定校验计算和试验	（1）未建立携带型短路接地线台账，不得分；台账与实际不符，不得分。 （2）对照所列内容检查，不符合要求，每项扣5分。 （3）现场检查使用中的携带型短路接地线不符合要求（与模拟图、两票、装设地点和接地装置记录不一致）或抽查两票中应挂而未挂携带型接地短路线，不得分。 （4）未进行热稳定校验计算和预防性试验，不得分；热稳定校验计算不符合要求，扣5分	（1）GB 26860—2011《电力安全工作规程　发电厂和变电站电气部分》； （2）DL/T 879—2004《带电作业用便携式接地和接地短路装置》； （3）GB 14050—2008《系统接地的型式及安全技术要求》	查场站
4.1.1.1.3	电气安全用具的正确使用	15	现场抽查3名运行人员，是否掌握电气安全用具管理要求，按附录A评价检查表（第01号）判定	1人不完全掌握，扣5分；2人不完全掌握，不得分		查场站
4.1.1.1.4	电气安全用具的资料管理	15	（1）抽检电气安全用具的生产厂家资质、质量检测报告及定期试验报告。 （2）安全监督部门或场站安全管理人员是否履行对新采购电气安全用具的监督管理职责	（1）生产厂家资质不合格、购置产品不合格，不得分；无定期试验报告，不得分。 （2）安全监督部门未履行监督职责，无相关记录，扣5分		查场站
4.1.1.2	手持电动工具	30	（1）是否建立手持电动工具的相关管理制度和台账。 （2）按台账全数查评，按附录A评价检查表（第02号）所列相关内容判定是否合格	（1）未建立相关管理制度，不得分；内容不完善（如制度缺少职责或职责不明确，制度缺少采购、验收、使用、试验和报废等管理内容），每项扣2分；无台账，不得分；台账与实际不符，每处扣2分。 （2）检查表所列内容，一件不合格，扣3分	GB/T 3787—2017《手持式电动工具的管理、使用、检查和维修安全技术规程》	制度查分公司，其他查场站
4.1.1.3	潜水泵、其他水泵、砂轮锯、空气压缩机等移动式电气设备的状况	20	（1）按台账检查不少于50%，按附录A评价检查表（第03号）（增加抽水试验内容）判定其是否合格。 （2）查阅检查、试验记录，是否定期试验	（1）未建立台账，不得分。 （2）台账与实际不符，每处扣2分；检查表所列内容，1件不合格，扣3分；3件及以上不符合要求，不得分。 （3）定期试验、试验记录未落实，不得分	（1）GB/T 20160—2006《旋转电机绝缘电阻测试》； （2）GB 26164.1—2010《电业安全工作规程　第1部分：热力和机械》； （3）GB 50169—2016《电气装置安装工程　接地装置施工及验收规范》	查场站

序号	评价项目	标准分	查评方法及内容	评分标准	查评依据	适用范围
4.1.1.4	剩余电流动作保护装置的使用管理	20	（1）是否建立剩余电流动作保护装置相关管理制度，是否建立台账和检查、试验记录。 （2）现场检查移动式、电气设备、工具是否使用剩余电流动作保护装置，各级剩余电流动作保护装置剩余电流选择是否符合规定（如采用二级剩余电流保护时第二级保护额定剩余动作电流不应超过30mA）。 （3）现场考问 3 名工作人员使用前如何验证剩余电流保护装置是否正常	（1）无使用管理制度，不得分；无台账，不得分；台账内容不完善，每处扣2分；无检查及试验记录，不得分；职责不明确、制度不完善，每处扣2分。 （2）移动式、电气设备、工具未使用剩余电流动作保护装置或不符合配置要求，每处扣3分。 （3）不清楚使用前如何验证漏电保护装置是否正常，每人扣5分	（1）GB/T 13955—2017《剩余电流动作保护装置安装和运行》； （2）GB 26860—2011《电力安全工作规程 发电厂和变电站电气部分》	制度查分公司，其他查场站
4.1.1.5	动力、照明配电箱的使用管理	20	（1）现场检查分公司所属场站动力、照明配电箱不少于 10 个，按附录 A 评价检查表（第 04 号）判定是否合格。 （2）配电箱是否有标志，且与实际相符	（1）检查表所列内容不合格，每项扣3分。 （2）无标志或与实际不符，每个扣5分	（1）GB 50054—2011《低压配电设计规范》； （2）GB 50169—2016《电气装置安装工程 接地装置施工及验收规范》	查场站
4.1.1.6	保护接地及接零	30				
4.1.1.6.1	现场电气设备接地、接零保护	15	（1）是否制定电气设备接地、接零保护相关管理制度，职责是否完善。 （2）现场检查电气设备是否按照规定正确安装接地、接零保护	（1）未建立电气设备接地、接零保护相关管理制度，不得分；制度不完善，扣5分。 （2）电气设备未按规定正确安装接地、接零保护，每处扣3分	（1）GB/T 14050—2008《系统接地的型式及安全技术要求》； （2）GB/T 50065—2011《交流电气装置的接地设计规范》	制度查分公司，其他查场站
4.1.1.6.2	接地装置的可靠性	15	（1）现场检查分公司所属场站电机、电气设备等金属外壳是否进行接零或接地，查评样品数不少于 10 个。 （2）接零系统中设备单独接地时是否装设剩余电流动作保护器	（1）电机、电气设备等金属外壳未进行接零或接地，不符合规定，每处扣2分。 （2）接零系统中设备单独接地未装设剩余电流动作保护器，不得分	GB/T 14050—2008《系统接地的型式及安全技术要求》	查场站
4.1.1.7	临时电源使用、管理	15	（1）是否建立临时电源使用管理相关制度，职责是否完善。 （2）现场检查，按附录 A 评价检查表（第 05 号）判定是否符合要求	（1）未建立相关管理规定，不得分；制度内容不完善，扣3分；职责不清，扣5分。 （2）不符合附录 A 评价检查表（第 05号）的规定，每处扣3分	GB 26164.1—2010《电业安全工作规程 第 1 部分：热力和机械》	制度查分公司，其他查场站

序号	评价项目	标准分	查评方法及内容	评分标准	查评依据	适用范围
4.1.1.8	高、低压电气设备的防护	15	现场检查: (1)升压站、主变压器、高压备用变压器等高压设备的围栏是否加锁。 (2)高、低压配电室的门是否加锁。 (3)锁具是否可靠,是否做到随手锁门	不符合要求,每处扣3分	GB 26860—2011《电力安全工作规程 发电厂和变电站电气部分》	查场站
4.1.1.9	触电急救及心肺复苏法培训	15	(1)查阅触电急救及心肺复苏法培训及考试记录。 (2)抽查分公司所属场站生产人员,不少于6人	(1)生产人员普及率不足100%,不得分;未经模拟人培训或无培训记录,不得分。 (2)触电急救及心肺复苏法不符合要求,每人扣2分	(1)GB 26164.1—2010《电业安全工作规程 第1部分:热力和机械》; (2)GB 26860—2011《电力安全工作规程 发电厂和变电站电气部分》; (3)DL/T 692—2018《电力行业紧急救护技术规范》	查场站
4.1.2	高处作业安全	190				
4.1.2.1	安全带、防坠器	30	(1)安全带、防坠器是否建立台账,抽查分公司所属场站不少于10条,按附录A评价检查表(第06号)判定是否合格。 (2)安全带是否定期检查,试验是否符合规程要求并做好记录,安全带是否超期使用(使用期为3~5年)。 (3)抽查作业人员是否掌握安全带使用前的检查项目。 (4)现场抽查作业人员是否正确使用安全带。 (5)防坠器是否进行定期检查和试验	(1)未建立台账,不得分;抽查台账与实际不符,扣5分;发现不合格,每条(个)扣10分;存放、保管不符合要求,扣5分。 (2)安全带未按规程要求进行试验、检查或使用超期,每项扣10分。 (3)抽查作业人员未掌握安全带使用前的检查项目,每人扣2分。 (4)现场发现1人未按要求使用安全带,不得分。 (5)防坠器外观检查不符合要求,扣5分;无出厂试验报告,不得分	(1)GB 6095—2009《安全带》; (2)GB/T 6096—2009《安全带测试方法》; (3)GB 26164.1—2010《电业安全工作规程 第1部分:热力和机械》; (4)GB 24544—2009《坠落防护 速差自控器》	查场站
4.1.2.2	风电机组助(免)爬器	30	(1)是否制定风电机组助爬器安全管理制度,是否建立台账。 (2)风电机组助爬器是否定期检查并做好记录。 (3)是否按照厂家使用(手册)说明书规定,对助爬器进行定期检验。 (4)抽查作业人员是否掌握风电机组助爬器使用前检查项目及使用注意事项	(1)未制定风电机组助爬器安全管理制度,不得分;内容不完善,扣5分;未建立台账,扣5分;有缺失,每台扣2分。 (2)风电机组助爬器未定期检查,每台扣2分;未做记录,每台扣2分;检查内容不完善,扣5分。 (3)未按规定定期检验,不得分;未做记录,每台扣2分;检查内容不完善,每台扣5分。 (4)未掌握风电机组助爬器使用前检查项目及使用注意事项,每人扣2分	生产厂家使用手册或说明书	制度查分公司,其他查场站

序号	评价项目	标准分	查评方法及内容	评分标准	查评依据	适用范围
4.1.2.3	登塔作业管理	30	（1）是否建立登塔作业相关管理规定。 （2）登塔作业人员身体条件是否满足要求，是否了解岗位的危险因素，是否具备高处作业资质、安全知识及应急逃生知识。 （3）登塔人员登塔时，随时携带的工器具及其他物品是否有可靠的防脱落措施，是否存在两人以上（含两人）同时在同一塔架内攀爬现象。 （4）现场检查、询问登塔作业时，作业人员是否与外界保持可靠的通信联系	（1）无制度，不得分；制度内容不完善，扣 5 分。 （2）人员不具备相应能力、资质，每人扣 5 分。 （3）无防随身携带物品脱落措施、存在两人以上（含两人）同时在同一塔架内攀爬现象，不得分。 （4）无通信设备，不得分；通信设备存在缺陷，扣 5 分	（1）GB/T 796—2012《风力发电场安全规程》； （2）GB 26164.1—2010《电业安全工作规程 第 1 部分：热力和机械》	制度查分公司，其他查场站
4.1.2.4	脚手架及安全网	35				
4.1.2.4.1	脚手架管理	20	（1）检查有无脚手架管理制度。 （2）现场在用的脚手架，按附录 A 评价检查表（第 08 号）判定是否合格。 （3）现场检查脚手架底部是否有支撑衬垫，人行通道处的脚手架是否有防碰撞措施。 （4）使用后的脚手架是否及时拆除	（1）无制度，不得分；制度内容不完善，扣 5 分。 （2）使用中的脚手架未悬挂分级验收合格标志牌，不得分；对照检查表其他项目，不符合要求，每项扣 5 分。 （3）脚手架底部无支撑衬垫或人行通道处的脚手架无防碰撞措施，每处扣 5 分。 （4）使用后未及时拆除，扣 10 分；评价期内发生因脚手架搭设质量问题发生轻伤、未遂及以上事件，不得分	（1）GB 26164.1—2010《电业安全工作规程 第 1 部分：热力和机械》； （2）JGJ 130—2011《建筑施工扣件式钢管脚手架安全技术规范》	制度查分公司，其他查场站
4.1.2.4.2	安全网	15	按附录 A 评价检查表（第 09 号）判定是否合格	不符合要求，每项扣 3 分	GB 5725—2009《安全网》	查场站
4.1.2.5	简易登高工具	30	（1）是否建立相关管理制度、台账。 （2）检查分公司所属场站的移动梯子、平台、高凳等不少于 5 件，按附录 A 评价检查表（第 10 号）判定是否合格。 （3）检查现场使用是否符合要求	（1）无相关管理制度、台账，不得分；台账与实际不符，扣 5 分。 （2）对照检查表，不符合要求，每件扣 3 分；存在好坏混放现象，扣 10 分。 （3）现场使用不符合要求，每处扣 5 分	（1）GB 26164.1—2010《电业安全工作规程 第 1 部分：热力和机械》； （2）GB/T 17889.2—2012《梯子 第 2 部分：要求、试验和标志》	制度查分公司，其他查场站
4.1.2.6	交叉作业的安全防护	20	（1）是否建立相关管理制度。 （2）分公司所属厂场站如有交叉作业，查阅交叉作业的危险点预控、安全交底和安全措施等是否符合要求。 （3）现场询问作业人员是否了解交叉作业危险因素和安全措施	（1）无相关管理制度，不得分。 （2）交叉作业无危险点预控、安全交底和安全措施，不得分；发现措施不全或 1 处未落实措施，扣 5 分。 （3）人员不了解交叉作业危险因素和安全措施，每人扣 3 分	GB 26164.1—2010《电业安全工作规程 第 1 部分：热力和机械》	查场站

续表

序号	评价项目	标准分	查评方法及内容	评分标准	查评依据	适用范围
4.1.2.7	仓库货架及物品码放	15	（1）检查分公司所属厂场站仓库内货架的码放是否采取防止引起连锁倾倒的措施。 （2）对较重物体的码放是否采取防止坠落伤人的措施。 （3）货架是否有承重标志	（1）重物码放存在坠落危险的情况，不得分。 （2）发现1处未采取措施或措施不全，扣5分。 （3）货架无承重标志，扣5分	（1）GB/T 27924—2011《工业货架规格尺寸与额定荷载》； （2）GB/T 28576—2012《工业货架设计计算》	查场站
4.1.3	起重作业安全	90				
4.1.3.1	起重设备的管理	30	（1）是否制定起重设备相关管理制度。 （2）检查设备台账，按台账检查设备资料。 （3）起重设备是否按规定向负责特种设备安全监督管理的部门办理使用登记，取得使用登记证书登记标志是否置于该特种设备的显著位置并按期检验，设备检验检测报告是否齐全。 （4）检查起重机械、起重机具日常检查维护记录。 （5）检查电站主厂房起重机械，按附录A评价检查表（第11号）判定是否合格	（1）无相关管理制度，不得分；相关管理制度、职责不完善，扣8分。 （2）未建立起重设备台账，设备技术资料不全，扣10分。 （3）未向负责特种设备安全监督管理的部门办理使用登记，未取得使用登记证书，不得分；未定期检验或检验不合格，每台扣5分。 （4）无起重机械、机具日常检查维护记录，不得分；记录不全，每台扣5分；未经专责人签字，不得分。 （5）主厂房起重机械不合格，不得分；不符合附录A评价检查表（第11号）要求，每项扣5分	（1）《中华人民共和国特种设备安全法》； （2）GB 26164.1—2010《电业安全工作规程　第1部分：热力和机械》； （3）GB 6067.1—2010《起重机械安全规程　第1部分：总则》； （4）TSG Q7015—2016《起重机械定期检验规则》	制度查分公司，其他查场站
4.1.3.2	各式电动葫芦、电动卷扬机、垂直升降机	20	检查分公司所属场站，按附录A评价检查表（第16号）判定是否合格	不符合附录A评价检查表（第16号）要求，每台扣5分	（1）JB/T 9008.1—2014《钢丝绳电动葫芦　第1部分：型式与基本参数、技术条件》； （2）JB/T 9008.2—2015《钢丝绳电动葫芦　第2部分：试验方法》； （3）TSG Q7015—2016《起重机械定期检验规则》	查场站
4.1.3.3	吊钩、钢丝绳、滑轮及卷筒	20	检查起重设备时，对其吊钩、钢丝绳、滑轮及卷筒进行全面检查，按附录A评价检查表（第13～15号）判定是否合格	（1）有1种设备未定期检查、试验，扣5分。 （2）未定期检查和试验，造成断绳、断卡等，不得分。 （3）不符合附录A评价检查表（第13～15号）要求，每台扣5分	（1）GB 26164.1—2010《电业安全工作规程　第1部分：热力和机械》； （2）GB 6067.1—2010《起重机械安全规程　第1部分：总则》； （3）GB/T 5972—2016《起重机　钢丝绳　保养、维护、安装、检验和报废》	查场站

序号	评价项目	标准分	查评方法及内容	评分标准	查评依据	适用范围
4.1.3.4	手动葫芦（倒链）、吊带、千斤顶	20	查阅制度文本、技术台账、资料，现场检查，按附录 A 评价检查表（第 17 号）判定是否合格	（1）无台账，或台账与实际不符，不得分。 （2）不符合附录 A 评价检查表（第 17 号）要求，每台扣 3 分	（1）GB/T 27697—2011《立式油压千斤顶》； （2）GB 26164.1—2010《电业安全工作规程　第 1 部分：热力和机械》； （3）GB 6067.1—2010《起重机械安全规程　第 1 部分：总则》	制度查分公司，其他查场站
4.1.4	有限空间作业	60				
4.1.4.1	制度管理	15	（1）是否建立管理制度。 （2）是否明确有限空间作业场所分类、危险源辨识、控制措施内容和管理流程	（1）无相关管理制度，不得分。 （2）制度内容不完善，扣 5 分；管理流程不清晰，扣 5 分	（1）GB 26164.1—2010《电业安全工作规程　第 1 部分：热力和机械》； （2）GB 8958—2006《缺氧危险作业安全规程》； （3）GBZ/T 205—2007《密闭空间作业职业危害防护规范》； （4）国家安监总局令第 59 号《工贸企业有限空间作业安全管理与监督暂行规定》	制度查分公司，工作票查场站
4.1.4.2	工作许可和监护	15	（1）进行有限空间作业是否经过许可，是否办理有限空间作业票。 （2）危险源（点）辨识和控制措施内容是否全面。 （3）安全隔离措施是否完备。 （4）是否明确安排专人监护且职责明确	（1）有限空间作业未履行许可手续，不得分。 （2）危险源（点）辨识和控制措施内容不全面，扣 5 分。 （3）安全隔离措施不完备，不得分。 （4）未安排专人监护或监护人不清楚职责，不得分	（1）GB 26164.1—2010《电业安全工作规程　第 1 部分：热力和机械》； （2）GB 8958—2006《缺氧危险作业安全规程》； （3）GBZ/T 205—2007《密闭空间作业职业危害防护规范》； （4）国家安监总局令第 59 号《工贸企业有限空间作业安全管理与监督暂行规定》	查场站
4.1.4.3	防窒息措施	15	（1）是否采取通风措施。 （2）进行有限空间作业时，是否在开工前和工作过程中进行含氧量和有毒有害气体检测，检测结果是否记录且符合要求。 （3）是否按照有关规定佩戴有效的呼吸器材。 （4）工作现场是否准备应急救援器材、设施	（1）未采取通风措施，扣 5 分。 （2）未进行气体检测或检测参数超标未采取措施，不得分；检测记录不全，扣 5 分。 （3）未按要求佩戴呼吸器材，扣 5 分。 （4）工作现场未准备应急救援器材、设施，不得分	（1）GB 26164.1—2010《电业安全工作规程　第 1 部分：热力和机械》； （2）GB 8958—2006《缺氧危险作业安全规程》； （3）GBZ/T 205—2007《密闭空间作业职业危害防护规范》； （4）国家安监总局令第 59 号《工贸企业有限空间作业安全管理与监督暂行规定》	查场站

序号	评价项目	标准分	查评方法及内容	评分标准	查评依据	适用范围
4.1.4.4	防火措施	15	（1）在有限空间进行动火作业是否关联动火工作票，是否采取防火措施并贯彻执行。 （2）是否正确配备灭火器材	（1）未履行动火许可手续，不得分；防火措施落实不到位，不得分。 （2）未按防火措施要求正确配备灭火器材，不得分	（1）DL 5027—2015《电力设备典型消防规程》； （2）GB 8958—2006《缺氧危险作业安全规程》； （3）GBZ/T 205—2007《密闭空间作业职业危害防护规范》； （4）国家安监总局令第 59 号《工贸企业有限空间作业安全管理与监督暂行规定》	查场站
4.1.5	焊接安全	90				
4.1.5.1	电焊机的管理	30	（1）是否建立相关管理制度。 （2）是否建立电焊机台账。 （3）是否定期检查维护并做好记录	（1）无相关管理制度，不得分；相关管理制度内容不完善，扣 5 分。 （2）未建立电焊机台账，或台账与实际不符，扣 10 分。 （3）未建立定期检查维护记录，不得分；定期检查维护记录不完善，扣 5 分	GB 26164.1—2010《电业安全工作规程　第 1 部分：热力和机械》	制度查分公司，其他查场站
4.1.5.2	电焊机安全状况	30	（1）检查场站电焊机，按附录 A 评价检查表（第 18 号）判定是否合格。 （2）现场检查电焊机二次线与焊接物接线是否规范	（1）不符合附录 A 评价检查表（第 18 号）要求，每台扣 5 分。 （2）现场检查电焊机二次线与焊接物接线不规范，不符合安全要求，扣 10 分	GB 26164.1—2010《电业安全工作规程　第 1 部分：热力和机械》	查场站
4.1.5.3	焊接作业安全措施	30	（1）现场焊接作业是否开具动火工作票。 （2）气焊与电焊是否上下交叉作业。 （3）使用中的氧气瓶和乙炔气瓶是否垂直放置并固定且距离不小于 5m，安设在露天的气瓶是否采用遮护措施，防止阳光曝晒，气瓶是否有防震胶圈，氧气瓶是否有减压阀，乙炔气瓶是否有回火阀。 （4）焊接作业现场防火措施是否全面且落实。 （5）焊接作业现场是否干燥，是否采取绝缘措施	（1）未履行动火作业审批手续或动火级别管控不符合规定，不得分。 （2）气割（焊）与电焊存在上下交叉作业的，不得分。 （3）气瓶使用不符合规定，每项扣 5 分。 （4）发现现场 1 处未采取防火措施或措施不完善，扣 5 分。 （5）潮湿场所未采取绝缘措施，不得分	（1）GB 26164.1—2010《电业安全工作规程　第 1 部分：热力和机械》； （2）DL 5027—2015《电力设备典型消防规程》	查场站

序号	评价项目	标准分	查评方法及内容	评分标准	查评依据	适用范围
4.1.6	生活用锅炉、压力容器	30				
4.1.6.1	相关管理制度	15	（1）查阅生活用锅炉、压力容器安全管理规定。 （2）特种设备是否按相关规定进行注册、办理使用登记，是否按规定进行定期检验	（1）无相关管理制度，不得分；内容、职责不完善，扣5分。 （2）未按相关规定进行注册、办理使用登记，未按规定进行定期检验，不得分	（1）TSG G7001—2015《锅炉监督检验规则》； （2）TSG G7002—2015《锅炉定期检验规则》； （3）TSG G0001—2012《锅炉安全技术监察规程》； （4）TSG 21—2016《固定式压力容器安全技术监察规程》； （5）TSG R7001—2013《压力容器定期检验规则》	制度查分公司，其他查场站
4.1.6.2	小型空气压缩机	15	（1）是否建立台账、定期检查试验并做好记录。 （2）按台账全数查评，按附录A评价检查表（第26号）判定是否合格	（1）无台账，不得分；台账与实际不符，扣5分。 （2）无定期检查记录，不得分；定期检查试验记录不齐全，每台扣5分。 （3）不符合附录A评价检查表（第26号）要求，每台扣5分	GB 26164.1—2010《电业安全工作规程 第1部分：热力和机械》	查场站
4.1.7	高风险作业管理	30	（1）是否制定高风险作业的相关管理制度。 （2）查阅企业是否建立高处作业、易燃易爆等高风险作业的清单。 （3）高风险作业是否制定组织措施、技术措施、安全措施和应急救援预案。 （4）高风险作业是否对作业人员进行交底，有无交底记录	（1）无相关制度，不得分；内容不完善，扣10分。 （2）未建立高风险作业清单，不得分。 （3）高风险作业未制定"三措一案"，不得分；"三措一案"未审批，扣10分；高风险作业的"三措一案"内容不完善，每项扣5分。 （4）未进行交底、无交底记录，每处扣5分	（1）《中华人民共和国安全生产法》； （2）《中华人民共和国特种设备安全法》； （3）GB 26164.1—2010《电业安全工作规程 第1部分：热力和机械》； （4）国务院令第708号《生产安全事故应急条例》	制度、清单查分公司，其他查场站
4.1.8	交通安全	120				
4.1.8.1	组织机构	30	（1）是否成立交通安全委员会及三级安全交通网，是否以正式文件公布。 （2）交通安全委员会职责是否完善是否落实。 （3）车辆管理部门是否设置专（兼）职交通管理人员。 （4）是否定期召开交通安全委员会，并有会议纪要	（1）未成立交通安全委员会及三级交通安全管理网或未以正式文件公布，不得分。 （2）未制定交通安全委员会职责，不得分；职责、内容不完善、未落实，扣10分。 （3）未设置专（兼）职交通管理人员，扣10分。 （4）未定期召开交通安全委员会，不得分；纪要不完善，每次扣5分		查分公司

续表

序号	评价项目	标准分	查评方法及内容	评分标准	查评依据	适用范围
4.1.8.2	交通安全管理	30	（1）是否制定交通安全、驾驶员和车辆管理的相关制度，其中职责及内容是否完善。 （2）是否有违章考核等奖惩内容和记录。 （3）分公司、场站是否分别组织开展交通安全教育培训，记录是否完整	（1）无相关管理制度，不得分；制度职责、内容不完善，每项扣10分。 （2）无违章考核等奖惩内容和记录，扣10分。 （3）分公司未组织开展交通安全教育培训，扣10分；场站未组织开展交通安全教育培训，扣10分；培训记录不完善，扣5分。 （4）评价期内发生司机违章造成的交通事故，不得分	《中华人民共和国道路交通安全法》	（1）查分公司； （2）～（4）查分公司和场站
4.1.8.3	驾驶员管理	20	（1）抽查驾驶员是否有准驾证，是否在有效期内。 （2）是否定期参加安全日学习，安全日学习遇到外出是否进行补学。 （3）是否执行"三检四勤"（出车前检查、行车途中检查、收车后检查；勤检查、勤保养、勤紧固、勤润滑）工作并做好记录	（1）抽查驾驶员有准驾证，不在有效期内，每人扣5分。 （2）未定期参加安全日学习，未进行补学，每人扣5分。 （3）未执行"三检四勤"工作，不得分；未做好记录，每次扣5分		查分公司和场站
4.1.8.4	机动车辆管理（各类机动车辆车况）	20	（1）机动车辆是否定期年检。 （2）根据台账抽查分公司机动车辆2辆、抽查场站车辆不少于3辆，按附录A评价检查表（第30号）判定是否合格	（1）机动车辆未定期年检，不得分。 （2）各类机动车辆按附录A评价检查表（第30号）判定有缺陷，每台扣5分。 （3）评价期内发生因车辆不合格造成的交通事故，不得分	GB/T 16178—2011《场（厂）内机动车辆安全检验技术要求》	查分公司和场站
4.1.8.5	防止重大交通事故措施	20	（1）检查分公司是否针对山区防止滑坡、泥石流、冰雪、沙尘暴等特殊情况制定安全保障措施。 （2）是否制定相应的应急预案，并进行培训、演练	（1）未结合实际制定安全保障措施，不得分；措施内容不完善，扣10分。 （2）未编制相应的应急预案，不得分；内容有缺失，扣10分；未进行培训、演练，扣10分；培训、演练记录不完整，扣5分；抽查分公司和场站驾驶人员（不少于3人）不熟悉保障措施、应急预案，每人扣3分	Q/BEH–211.10–18—2019《防止电力生产事故的重点要求及实施导则》	查分公司和场站

序号	评价项目	标准分	查评方法及内容	评分标准	查评依据	适用范围
4.1.9	外出作业安全	15	（1）所有外出工作（包括巡检、启停风力发电机组、故障检查处理等）是否两人或两人以上同行。 （2）野外作业人员是否根据地域特点配备必要的劳动安全防护用品并正确使用	（1）未按规定执行，扣5分。 （2）未配备劳动安全防护用品，不得分		查场站

4.2 作业环境

序号	评价项目	标准分	查评方法及内容	评分标准	查评依据	适用范围
4.2	**作业环境**	**620**				
4.2.1	建（构）筑物管理	105				
4.2.1.1	建（构）筑物的布局	30	现场检查易燃易爆危险品库房与办公楼、宿舍楼等的距离是否符合安全要求	安全距离不符合要求，不得分	（1）《中华人民共和国安全生产法》； （2）GB 50187—2012《工业企业总平面设计规范》	查场站
4.2.1.2	建（构）筑物内、外装修及附着物	30	（1）现场检查建（构）筑物的化妆板、外墙装修是否存在脱落伤人的危险。 （2）建（构）筑物内、外装修及附着物保温材料是否满足相应防火等级要求。 （3）建筑物外爬梯是否符合安全要求	（1）存在问题，每处扣5分。 （2）建（构）筑物内、外装修及附着物保温材料不满足相应防火等级要求，不得分。 （3）建筑物外爬梯不符合安全要求，每处扣5分	（1）GB 26164.1—2010《电业安全工作规程 第1部分：热力和机械》； （2）DL 5027—2015《电力设备典型消防规程》； （3）GB 50016—2014《建筑设计防火规范》； （4）GB 50222—2017《建筑内部装修设计防火规范》	查场站
4.2.1.3	建（构）筑物顶部荷载、防漏措施	15	（1）现场检查主要建（构）筑物顶部是否存在积水、杂物，是否存在严重的积雪、冰、灰现象。 （2）屋顶作为通道或施工场地时，是否存在超过设计荷载的现象。 （3）是否安装防护栏杆或采取临时措施，以防止人员坠落。 （4）设备室是否存在漏水现象等	（1）存在积水，杂物，及严重的积雪、冰、灰现象，不得分。 （2）屋顶作为通道或施工场地时，超过设计荷载，不得分。 （3）建（构）筑物顶部有设施或工作，缺少防护措施，不得分。 （4）设备室存在严重漏水现象，不得分；一般问题，扣5分	GB 26164.1—2010《电业安全工作规程 第1部分：热力和机械》	查场站

序号	评价项目	标准分	查评方法及内容	评分标准	查评依据	适用范围
4.2.1.4	人员聚集场所管理	30	（1）现场检查员工宿舍、办公楼、集中控制室、食堂、礼堂等人员聚集场所的疏散通道、安全出口、应急疏散指示标志、应急照明等配置是否符合相关规定。 （2）是否张贴应急疏散标志。 （3）应急疏散场地标志是否明显、明确	（1）结合现场实际，查看人员密集场所的门或通道不能保证正常使用，不得分；疏散通道有堆放杂物现象，扣10分。 （2）缺少应急疏散指示、标志，不得分；应急疏散指示、标志损坏，每处扣5分。 （3）无应急疏散场地标志，扣5分	（1）DL/T 1123—2009《火力发电企业生产安全设施配置》； （2）GB 13495.1—2015 《消防安全标志 第1部分：标志》； （3）GB 51309—2018《消防应急照明和疏散指示系统技术标准》	查场站
4.2.2	生产区域楼板、地面状况	70				
4.2.2.1	栏杆和盖板、楼板	30	（1）现场重点检查楼板、升降口、吊装孔、塔筒平台人孔、地面闸门井、坑池、沟等处的栏杆、盖板、护板是否齐全，是否符合国家标准及现场安全要求。 （2）临时拆除防护设施是否有补充措施	（1）缺栏杆、缺盖板、护板或设计安装不符合要求，每处扣5分。 （2）临时拆除无补充措施，不得分	（1）GB 26164.1—2010《电业安全工作规程 第1部分：热力和机械》； （2）GB 4053.3—2009《固定式钢梯及平台安全要求 第3部分：工业防护栏杆及钢平台》	查场站
4.2.2.2	通道及设施	20	（1）地面孔洞盖板是否铺设牢固，其表面是否有防止滑跌的警示条纹或防滑措施。 （2）检查现场、消防通道、人行道有无易引起摔跌或碰伤的障碍物等	（1）盖板未铺设牢固，表面无防止滑跌的警示条纹或防滑措施，不得分。 （2）人行道有易引起摔跌或碰伤的障碍物（油水、泥污），不得分；存在一般问题，每处扣2分；消防通道阻塞，不得分	（1）GB 26164.1—2010《电业安全工作规程 第1部分：热力和机械》； （2）DL 5027—2015 《电力设备典型消防规程》	查场站
4.2.2.3	井盖管理	20	（1）现场检查厂区的井盖是否齐全完整。 （2）污水井是否采取防止人员坠落的措施	（1）井盖不符合要求，每处扣5分。 （2）污水井措施不到位，不得分	GB 26164.1—2010《电业安全工作规程 第1部分：热力和机械》	查场站
4.2.3	生产区域梯台	45				
4.2.3.1	钢斜梯	15	（1）现场抽查，重点检查踏板有无防滑措施。 （2）踏板间距是否过大，护板及护栏尺寸是否合格，钢斜梯的角度是否小于60°	不符合安全要求，每处扣5分	GB 4053.2—2009《固定式钢梯及平台安全要求 第2部分：钢斜梯》	查场站

序号	评价项目	标准分	查评方法及内容	评分标准	查评依据	适用范围
4.2.3.2	钢直梯	15	（1）现场抽查，重点检查踏棍有无防滑措施。 （2）踏棍间距是否过大，钢直梯与固定体连接是否可靠，是否设置合格的护笼防护	不符合安全要求，每处扣5分	GB 4053.1—2009《固定式钢梯及平台安全要求 第1部分：刚直梯》	查场站
4.2.3.3	钢平台、步道	15	（1）现场抽查，重点检查踏板有无防滑措施。 （2）踏板间距是否符合规定，护板及护栏尺寸是否合格，在楼梯的起止级是否有明显的安全警示	不符合安全要求，每处扣5分	（1）GB 4053.3—2009《固定式钢梯及平台安全要求 第3部分：工业防护栏杆及钢平台》； （2）GB 26164.1—2010《电业安全工作规程 第1部分：热力和机械》	查场站
4.2.4	生产区域照明	130				
4.2.4.1	控制室照明	20	（1）现场检查照明照度是否满足要求。 （2）主控制室是否安装事故（应急）照明，事故照明是否正常。 （3）是否定期进行事故照明试验	（1）照明照度不符合要求，扣5分。 （2）主控制室未安装事故照明，不得分；应急照明不正常，扣5分。 （3）未定期进行事故照明切换试验，扣5分	（1）GB 50034—2013《建筑照明设计标准》； （2）GB 26164.1—2010《电业安全工作规程 第1部分：热力和机械》； （3）Q/BJCE－218.17－10—2019《风力、光伏发电企业设备定期试验及轮换管理规定》	查场站
4.2.4.2	泵房照明	20	（1）现场检查照明照度是否满足要求。 （2）应急照明是否良好	（1）照明照度不符合要求，扣5分。 （2）应急照明有损坏，扣5分	（1）GB 50034—2013《建筑照明设计标准》； （2）GB 26164.1—2010《电业安全工作规程 第1部分：热力和机械》	查场站
4.2.4.3	母线室、开关室、配电室照明	15	（1）现场检查照明照度是否满足要求。 （2）是否安装事故照明，应急照明是否良好。 （3）是否定期进行事故照明切换。 （4）高度低于2.5m的电缆夹层、隧道是否采用安全电压供电	（1）照明照度不符合要求，扣5分。 （2）未安装事故照明，不得分；应急照明有损坏，扣5分。 （3）未定期进行事故照明切换试验，扣5分。 （4）高度低于2.5m的电缆夹层、隧道未采用安全电压供电，不得分；其中一种装置未采用安全电压供电，扣5分	（1）GB 50034—2013《建筑照明设计标准》； （2）GB 26164.1—2010《电业安全工作规程 第1部分：热力和机械》； （3）Q/BJCE－218.17－10—2019《风力、光伏发电企业设备定期试验及轮换管理规定》	查场站
4.2.4.4	升压站照明	15	升压站照明是否符合设计及现场安全要求	照明照度不符合要求，扣5分	（1）GB 50034—2013《建筑照明设计标准》； （2）GB 26164.1—2010《电业安全工作规程 第1部分：热力和机械》	查场站

序号	评价项目	标准分	查评方法及内容	评分标准	查评依据	适用范围
4.2.4.5	楼梯间照明	15	（1）现场检查照明照度是否满足要求。 （2）是否安装应急照明，是否良好。 （3）照明设备是否完好	（1）照明照度不符合要求，扣5分。 （2）未安装应急照明，不得分。 （3）照明设备存在问题，每处扣2分	（1）GB 50034—2013《建筑照明设计标准》； （2）GB 26164.1—2010《电业安全工作规程　第1部分：热力和机械》	查场站
4.2.4.6	蓄电池室等	30	（1）现场检查防爆的照明照度是否满足要求。 （2）是否按规定安装防爆的事故照明，防爆的应急照明是否良好	（1）照明照度不符合要求，扣5分。 （2）未按规定安装防爆事故照明、防爆应急照明，不得分；防爆事故照明、防爆应急照明存在问题，每处扣5分	DL 5027—2015《电力设备典型消防规程》	查场站
4.2.4.7	风电机组内照明	15	（1）塔筒、机舱内部照明设备是否齐全，亮度是否满足工作要求。 （2）箱式变电站内部照明是否符合设计及现场安全要求	照明照度不满足工作需要，每处扣3分；照明灯具损坏，每个扣2分	（1）GB 26164.1—2010《电业安全工作规程　第1部分：热力和机械》； （2）DL/T 796—2012《风力发电场安全规程》	查场站
4.2.5	职业健康管理	210				
4.2.5.1	职业健康管理活动	90				
4.2.5.1.1	制度、清单、记录管理	15	（1）是否制定职业病防治责任制、规章制度、操作规程。 （2）是否建立工作场所职业病危害因素种类清单、岗位分布以及员工接触、被告知情况。 （3）是否建立职业病防护设施、应急救援设施基本信息，以及其配置、使用、维护、检修与更换等记录。 （4）是否将工作过程中可能产生的职业病危害及其后果、职业病防护措施和待遇等如实告知劳动者，并在劳动合同中写明	（1）未建立制度和操作规程，不得分；内容不完善，扣5分。 （2）未建立工作场所职业病危害因素种类清单，不得分；危害因素清单记录不全，扣5分。 （3）无防护设施、应急救援设施记录，不得分；防护设施、应急救援设施记录不全，扣5分。 （4）未告知或在合同中写明，扣5分	（1）《中华人民共和国职业病防治法》； （2）GBZ 1—2010《工业企业设计卫生标准》； （3）DL/T 325—2010《电力行业职业健康监护技术规范》	（1）、（4）制度查分公司，操作规程查场站； （2）、（3）查场站
4.2.5.1.2	培训、体检	15	（1）是否开展职工健康与职业病防治知识宣传和培训。 （2）是否按规定定期进行职业健康体检。 （3）是否对接触职业性有害因素的劳动者进行上岗前、在岗期间、离岗时和应急职业健康检查。 （4）是否建立职业病危害事故报告和处理记录。 （5）是否建立员工职业健康检查汇总资料及职业禁忌等人员的安置记录	（1）未定期开展职工健康与职业病防治知识宣传和培训，不得分；无培训记录，扣5分。 （2）未按规定定期进行职业健康体检，不得分。 （3）未进行上岗前、在岗期间、离岗时和应急职业健康检查，不得分；缺其中一种健康检查，扣5分。 （4）发生职业病危害事故后，无职业病危害事故报告和处理记录，不得分。 （5）未建立员工职业健康检查汇总资料及职业禁忌等人员的安置记录，扣5分	（1）《中华人民共和国职业病防治法》； （2）GBZ 1—2010《工业企业设计卫生标准》； （3）DL/T 325—2010《电力行业职业健康监护技术规范》； （4）GBZ 188—2014《职业健康监护技术规范》	（1）～（4）查场站 （5）查分公司

序号	评价项目	标准分	查评方法及内容	评分标准	查评依据	适用范围
4.2.5.1.3	劳动防护用品管理	30	（1）是否制定劳动保护及个体防护用品发放和使用的管理制度。 （2）职工在现场是否正确使用劳动防护用品。 （3）防护用品按附录 A 评价检查表（第 27 号）判定是否合格。 （4）是否建立防护用品发放记录	（1）未建立管理制度，不得分；内容不完善，扣 5 分。 （2）发现不正确使用劳动保护用品，每人扣 5 分；2 人次及以上，不得分。 （3）不符合附录 A 评价检查表（第 27 号）要求，扣 5 分。 （4）无防护用品发放记录，扣 5 分；记录不全，每处扣 2 分	GB/T 11651—2008《个体防护装备选用规范》	制度查分公司，其他查场站
4.2.5.1.4	标志标示	30	（1）是否对职业危害因素进行定期检测。 （2）是否建立职业危害因素区域标志的台账。 （3）是否对职业危害因素区域进行有效标志。 （4）是否对职业危害因素区域超标区域进行特殊标志	（1）未对职业危害因素进行定期检测，不得分；检测内容不全，扣 10 分。 （2）未建立标志台账，不得分；标志台账不完善，扣 5 分。 （3）未对职业危害因素区域进行有效标志，每处扣 3 分。 （4）未对超标区域进行特殊标志，每处扣 3 分	（1）《中华人民共和国职业病防治法》； （2）GB 5083—1999《生产设备安全卫生设计总则》； （3）GBZ 158—2003《工作场所职业病危害警示标识》	查场站
4.2.5.2	安全帽	15	（1）是否建立台账。 （2）抽查所属场站安全帽不少于 15 顶，按附录 A 评价检查表（第 28 号）判定是否合格	（1）未建立台账，扣 5 分。 （2）不符合附录 A 评价检查表（第 28 号）要求，每项扣 2 分	（1）GB/T 30041—2013《头部防护 安全帽选用规范》； （2）GB 2811—2019《头部防护 安全帽》； （3）GB/T 2812—2006《安全帽测试方法》	查场站
4.2.5.3	正压式空气呼吸器	30	（1）是否建立台账。 （2）检查配备数量、存放地点是否合理。 （3）是否完好有效且定期检查。 （4）抽查所属厂（场）站不少于 3 人是否正确掌握使用方法	（1）未建立台账，扣 10 分。 （2）未配备，不得分；配备数量、存放地点不合理，扣 10 分。 （3）未定期检查，扣 5 分；存在明显缺陷，每台扣 10 分。 （4）现场人员抽查不少于 3 人，不会或不正确使用，每人扣 10 分	（1）GB/T 16556—2007《自给开路式压缩空气呼吸器》； （2）DL 5027—2015《电力设备典型消防规程》	查场站
4.2.5.4	气体检测仪	30	检查易燃易爆物质、有毒有害气体及其含氧量等： （1）是否建立台账。 （2）是否完好有效且定期检验。 （3）现场人员是否正确掌握使用方法	（1）未建立台账，扣 10 分。 （2）未定期校验，扣 5 分；存在明显缺陷，每台扣 10 分。 （3）现场人员抽查不少于 2 人，不会或不正确使用，每人扣 10 分	Q/BJCE－217.17－22—2019《高风险作业管理规定》	查场站

续表

序号	评价项目	标准分	查评方法及内容	评分标准	查评依据	适用范围
4.2.5.5	SF_6气体防护	15	（1）是否安装SF_6浓度报警仪，且完好。 （2）GIS开关室、检修室底部是否安装通风装置，且完好。 （3）是否明确进入室内前先开启通风装置及通风时间	（1）GIS开关室、检修室未安装报警仪或报警仪不正常，不得分。 （2）GIS开关室、检修室底部未安装通风装置，不得分；运行不正常，每处扣5分。 （3）未明确进入室内前先开启通风装置及通风时间，扣5分	（1）《中华人民共和国职业病防治法》； （2）DL/T 639—2016《六氟化硫电气设备运行、试验及检修人员安全防护细则》	查场站
4.2.5.6	高温、低温作业	30	（1）是否制定异常高温、低温环境下作业的相关管理制度及应急预案。 （2）检查长期有人值班场所是否安装空调等室内温度调控装置。 （3）异常高温、低温环境下作业的劳动防护用品发放和使用是否符合要求	（1）无制度或应急预案，不得分。 （2）任一处无温度调控装置，扣5分。 （3）异常高温、低温环境下作业的劳动防护用品发放和使用不符合要求，不得分	《中华人民共和国职业病防治法》	查场站
4.2.6	安全标志	60				
4.2.6.1	安全标志标准	15	（1）是否建立安全标志管理制度和台账。 （2）安全标志设置是否符合规定（如应设在醒目位置，安全标志不应设在可移动的物体上，多个安全标志牌一起设置时，按警告、禁止、指令、提示类顺序以先左后右、先上后下排列等）	（1）未建立安全标志管理制度和台账，不得分；标准、台账内容不完善，扣5分。 （2）安全标志安装设置不符合DL/T 2113—2009《火力发电企业生产安全设施配置》的要求（含模糊不清、破损、缺失等），每处扣2分	（1）GB/T 2893.1—2013《图形符号　安全色和安全标志　第1部分：安全标志和安全标记的设计原则》； （2）GB 2894—2008《安全标志及其使用导则》； （3）GB 13495.1—2015《消防安全标志　第1部分：标志》； （4）NB/T 31088—2016《风电场安全标识设置设计规范》	制度查分公司，其他查场站
4.2.6.2	楼板、平台、道路、消防、塔筒、安全标志	15	（1）厂内道路显示区域入口处和弯道、交叉路口处是否有限速标志。 （2）人行通道高度不足1.8m的障碍物上是否标有防止碰撞线。 （3）平台与下行楼梯连接边缘处及人行通道高差30mm以上边缘处是否标有防止踏空线。 （4）楼板、平台是否有明显的允许荷载标志。 （5）消防标志是否齐全、醒目。 （6）风机内标志是否齐全、醒目	（1）厂内道路显示区域入口处和弯道、交叉路口处未标减速提升线，每处扣2分。 （2）人行通道高度不足1.8m的障碍物上未标防止碰撞线，每处扣2分。 （3）平台与下行楼梯连接边缘处及人行通道高差30mm以上边缘处未标防止踏空线，每处扣2分。 （4）楼板、平台无明显的允许荷载标志，不得分；部分无明显的允许荷载标志，每处扣3分。 （5）消防标志损坏、不齐全、不醒目，每处扣2分。 （6）风机内标志损坏、不齐全、不醒目，每处扣2分	（1）GB 13495.1—2015《消防安全标志　第1部分：标志》； （2）NB/T 31088—2016《风电场安全标识设置设计规范》	查场站

序号	评价项目	标准分	查评方法及内容	评分标准	查评依据	适用范围
4.2.6.3	电气配电装置安全标志	15	（1）配电室门外是否悬挂"止步高压危险""未经许可，不得入内""禁止烟火"和"防火重点部位"等标志牌，带有微机保护装置的配电室是否悬挂"禁止使用无线通信设备"标志牌。 （2）室外变电站除悬挂（1）中的标志牌外是否悬挂限高高度、架构爬梯"禁止攀登，高压危险"等标志牌	安全标志悬挂位置不符合NB/T 31088—2016《风电场安全标识设置设计规范》的要求，每处扣2分	（1）GB 13495.1—2015《消防安全标志 第1部分：标志》； （2）NB/T 31088—2016《风电场安全标识设置设计规范》	查场站
4.2.6.4	应急疏散标志	15	现场检查场站应急疏散指示标志是否明显，应急疏散场地是否合理	未设置，不得分；标志不明显，扣5分；场地设置不合理，扣5分	（1）GB/T 36291.1—2018《电力安全设施配置技术规范 第1部分：变电站》； （2）GB/T 36291.2—2018《电力安全设施配置技术规范 第2部分：线路》； （3）GB 13495.1—2015《消防安全标志 第1部分：标志》； （4）GB 51309—2018《消防应急照明和疏散指示系统技术标准》	查场站

4.3 防灾减灾

序号	评价项目	标准分	查评方法及内容	评分标准	查评依据	适用范围
4.3	**防灾减灾**	**150**				
4.3.1	厂区环境	75				
4.3.1.1	应对自然灾害的应急救援预案	30	查阅预案文本，是否结合地域特点建立防止滑坡、泥石流、防台风等应急预案；查阅演练记录	无自然灾害预案文本，不得分；预案针对性不强，扣10分；未进行演练，不得分；未进行演练评估，不得分	（1）国务院令第708号《生产安全事故应急条例》； （2）国能安全〔2014〕508号《电力企业应急预案管理办法》	查分公司和场站
4.3.1.2	地质危害因素	15	查阅相关设计资料，地域是否有采矿情况，厂区、水源地等是否有采空区、熔岩等地质危害因素	资料不齐全或存在相关隐患，不得分	（1）国务院令第708号《生产安全事故应急条例》； （2）国能安全〔2014〕508号《电力企业应急预案管理办法》	查场站

序号	评价项目	标准分	查评方法及内容	评分标准	查评依据	适用范围
4.3.1.3	周边环境对企业的影响	15	（1）查阅相关资料，询问相关人员，厂区周边是否存在化工厂等可能产生影响企业安全的情况。 （2）对存在的情况是否制定相应的应急救援预案	（1）未进行调查，不得分。 （2）对存在的情况缺乏有针对性的应急救援预案，不得分。 （3）缺少相关防护用具，不得分	（1）国务院令第 708 号《生产安全事故应急条例》； （2）国能安全〔2014〕508 号《电力企业应急预案管理办法》	查场站
4.3.1.4	建（构）筑物、塔筒沉降管理	15	（1）是否按规定对厂区主要建（构）筑物、塔筒开展沉降观测并建立记录。 （2）是否对数据的变化趋势定期分析并有结论	（1）缺少主要建筑的任意一处数据，不得分。 （2）有数据但缺少趋势性分析及结论，扣 5 分	（1）GB 50026—2007《工程测量规范》； （2）GB 50007—2011《建筑地基基础设计规范》； （3）JGJ 8—2016《建筑变形测量规范》	查场站
4.3.2	防汛管理	45				
4.3.2.1	防汛器材管理	15	（1）是否建立台账。 （2）防汛器材管理、维护责任制是否落实	（1）未建立防汛器材台账，不得分；台账与实际不符，扣 5 分。 （2）未建立使用、维护、检查记录，不得分；内容不完善，扣 5 分；防汛器材保管不好并有损坏的现象，不得分	《中华人民共和国防汛条例》	查场站
4.3.2.2	防汛措施	30	（1）防汛器材是否到位。 （2）厂房、零米以下部位等是否设置防汛设施并处于完好可用状态。 （3）厂区排水设施是否完好。 （4）室外起重设备、建（构）筑物、门窗以及室外电气盘柜、端子箱是否完好。 （5）企业是否建立防汛制度和防汛应急预案	（1）防汛器材应到位未到位，不得分。 （2）防汛设施任意一处存在问题，每处扣 5 分。 （3）未建立管理制度、应急预案，不得分；内容不完善，扣 5 分	《中华人民共和国防汛条例》	制度和预案文本查分公司，制度和预案的落实情况查厂（场）站
4.3.3	抗震加固（抗震管理）	30	（1）根据设计资料，现场检查不符合抗震设防烈度的建（构）筑物是否采取加固措施。 （2）场站所在地区发生破坏性地震后，是否组织对建（构）筑物进行全面检查。 （3）根据设计资料，现场检查主变压器、蓄电池及其他有关设备是否已经采取抗震加固措施。 （4）企业是否有防地震灾害应急预案	（1）未加固，不得分；部分加固，扣 10 分。 （2）未组织震后检查的，不得分。 （3）震后未采取加固措施的，不得分。 （4）无预案，扣 10 分；内容不完善，扣 5 分	（1）GB 50011—2010《建筑抗震设计规范》； （2）GB 50260—2013《电力设施抗震设计规范》； （3）国务院令第 708 号《生产安全事故应急条例》； （4）国能安全〔2014〕508 号《电力企业应急预案管理办法》	预案文本查分公司，其他查场站

4.4 电力设施保护

序号	评价项目	标准分	查评方法及内容	评分标准	查评依据	适用范围
4.4	电力设施保护	100				
4.4.1	治安保卫管理	30	（1）是否建立公司治安保卫管理制度（涵盖反恐内容）、岗位责任制及保安员管理制度。 （2）是否建立治安保卫组织机构，并设专（兼）职治安保卫人员。 （3）是否组织开展治安保卫相关预案演练并记录。 （4）箱式变压器等户外设备是否有防盗、防破坏措施	（1）未制定治安保卫制度、岗位责任制及保安员管理制度，不得分；内容不完善，扣10分。 （2）未建立治安保卫组织机构，不得分；未及时调整，扣5分；未设专（兼）职治安保卫人员，扣8分。 （3）无预案或未组织开展演练，不得分。 （4）未建立相关措施，不得分；措施不完备，扣5分	（1）《中华人民共和国电力法》； （2）国务院令第421号《企业事业单位内部治安保卫条例》； （3）《电力行业反恐怖防范标准（试行）（火电/风电部分）》	（1）查分公司； （2）查分公司和场站； （3）、（4）查场站
4.4.2	治安保卫责任制	15	（1）是否制定治安保卫责任制并贯彻落实。 （2）是否定期对重点部门及重要岗位进行有针对性的教育和培训，并做记录	（1）责任部门或人员责任制不落实，不得分；评价期内发生电力设备、设施被盗窃的情况，不得分。 （2）未开展有针对性的教育和培训工作，不得分	（1）国务院令第421号《企业事业单位内部治安保卫条例》； （2）国发〔2011〕10号《电力设施保护条例实施细则》； （3）《电力行业反恐怖防范标准（试行）（火电/风电部分）》	（1）、（2）查分公司和场站
4.4.3	现场出入管理	20	场站是否建立人员、车辆出入管理规定	未建立人员、车辆出入管理制度，不得分；内容不完善，扣5分	（1）国发〔2011〕10号《电力设施保护条例实施细则》； （2）《电力行业反恐怖防范标准（试行）（火电/风电部分）》； （3）国务院令第421号《企业事业单位内部治安保卫条例》	查场站
4.4.4	监控系统管理	20	（1）场站大门、重要生产区域、要害部位是否建立电子监控系统。 （2）监控系统是否正常运行，画面是否完好、清晰。 （3）监控设备设施是否建立台账及维护检查记录。 （4）监控录像资料是否齐全、清晰	（1）未建立监控系统，不得分。 （2）监控系统未正常运行，不得分；画面不完好、清晰，每处扣5分。 （3）监控设备设施未建立台账，扣10分；未建立维护检查记录，扣10分。 （4）监控录像资料不齐全，质量差，每处扣5分	（1）国发〔2011〕10号《电力设施保护条例实施细则》； （2）《电力行业反恐怖防范标准（试行）（火电/风电部分）》； （3）国务院令第421号《企业事业单位内部治安保卫条例》	查场站
4.4.5	宣传教育	15	是否对周边群众开展电力设施保护的宣传、教育工作	未开展电力设施保护的宣传、教育工作，不得分	国发〔2011〕10号《电力设施保护条例实施细则》	查场站

5　消防安全管理

5.1　消防管理

序号	评价项目	标准分	查评方法及内容	评分标准	查评依据	适用范围
5.1	**消防管理**	**370**				
5.1.1	消防安全管理组织	30	（1）是否成立消防安全委员会、建立消防安全组织机构体系，是否根据人员变化及时进行调整，并配备专职或兼职消防安全管理人员。 （2）消防管理人员是否经过专门消防安全培训，并取得培训合格证书。 （3）重点防火部位是否建立岗位防火职责和防火责任人	（1）未成立消防安全委员会，未建立组织机构，不得分；未明确消防管理部门、消防安全监督部门，不得分；未明确消防安全监督人员、消防安全管理人员相应职责，不得分；未每年或根据人员变化及时进行调整，扣15分。 （2）消防安全管理人员未经过消防安全专业培训持合格证上岗，每人扣3分。 （3）未明确重点防火部位，不得分；重点防火部位有疏漏，每处扣2分。 （4）未建立重点防火部位责任人，扣5分；职责内容不完善，扣3分	（1）《中华人民共和国消防法》； （2）DL 5027—2015《电力设备典型消防规程》； （3）Q/BJCE–217.17–10—2019《消防安全管理规定》	（1）查分公司； （2）查分公司和场站； （3）查场站
5.1.2	规章制度	40	（1）是否制定消防安全管理规章制度，并明确各级人员的职责。 （2）是否贯彻执行消防法规、地方政府和上级单位的相关制度，是否落实消防安全生产责任制。	（1）无消防管理规章制度，不得分；内容不完善，扣10分。 （2）未落实消防安全生产责任制，不得分；消防安全生产责任制落实不到位，扣10分。	（1）《中华人民共和国消防法》； （2）公安部令第61号《机关、团体、企业、事业单位消防安全管理规定》；	（1）查分公司； （2）查分公司和场站；

序号	评价项目	标准分	查评方法及内容	评分标准	查评依据	适用范围
5.1.2	规章制度	40	（3）是否建立消防档案（包括消防安全基本情况和消防安全管理情况），是否将消防档案统一保管，并根据情况变化及时更新。 （4）是否制定消防设施、火灾报警装置及特殊消防系统的运行、检修、维护规程。 （5）是否绘制消防系统图册（水消防和特殊消防系统）。 （6）是否建立消防记录台账	（3）未建立消防档案，不得分；消防档案不全，每项扣5分。 （4）未建立消防设施、火灾报警装置及特殊消防系统的运行、检修、维护规程，不得分；消防设备规程内容有缺失、不全，每项扣5分。 （5）未建立消防系统图册（水消防和特殊消防系统）扣10分；有缺失、不全，每项扣5分。 （6）未按要求建立消防记录台账，每项扣2分	（3）DL 5027—2015《电力设备典型消防规程》； （4）Q/BJCE－217.17－10—2019《消防安全管理规定》	（3）、（5）、（6）查场站； （4）制度查分公司，其他查场站
5.1.3	消防验收	25	查阅相关资料核对新、改、扩工程是否通过消防验收或进行消防竣工验收备案	对新、改、扩工程未通过消防验收或未进行消防竣工验收备案，不得分	（1）公安部令第119号《建设工程监督管理规定》； （2）厅字〔2019〕34号中共中央办公厅、国务院办公厅《关于深化消防执法改革的意见》	查场站
5.1.4	消防队伍和微型消防站	30	（1）企业是否建立微型消防站。 （2）是否建立志愿消防队伍，且人数是否符合要求	（1）未建立微型消防站，不得分。 （2）未组建志愿消防队伍、未以企业文件形式公布志愿消防队伍名单、未明确职责，均不得分；人数不符合要求，扣10分	（1）《中华人民共和国消防法》； （2）公消〔2015〕301号公安部《消防安全重点单位微型消防站建设标准（试行）》； （3）DL 5027—2015《电力设备典型消防规程》	（1）微型消防站建设查场站； （2）相关文件查分公司
5.1.5	人员教育培训和演练	30	（1）是否明确消防安全教育培训要求，并制订年度消防培训计划。 （2）是否按计划开展消防培训和有针对性的消防应急演练	（1）未明确消防安全教育培训要求，不得分；教育培训要求不具体、内容不全面，扣10分；未制订年度消防安全培训计划，不得分。 （2）未按计划完成消防应急演练计划，扣10分；无消防应急演练评估或评估内容存在问题或未制订整改计划，扣10分；整改计划未落实，每项扣5分	（1）《中华人民共和国消防法》； （2）DL 5027—2015《电力设备典型消防规程》； （3）公安部〔2009〕109号《社会消防安全教育培训规定》； （4）Q/BJCE－217.17－10—2019《消防安全管理规定》	（1）查分公司； （2）查分公司和场站
5.1.6	消防器材管理	30	（1）是否建立台账。 （2）是否定期进行检查和试验并做好记录。 （3）备用、待检、废品等消防器材是否分区域分别存放	（1）未建立消防器材台账，不得分；消防器材配备不满足要求，每处扣5分；台账不完善，每处扣5分。 （2）定期检查、试验无记录，每处扣5分；记录不完善，每处扣5分。 （3）备用、待检、废品等消防器材存放不符合要求，每处扣5分	（1）GB 50140—2005《建筑灭火器配置设计规范》； （2）DL 5027—2015《电力设备典型消防规程》； （3）NB 31089—2016《风电场设计防火规范》	查场站

序号	评价项目	标准分	查评方法及内容	评分标准	查评依据	适用范围
5.1.7	消防技术服务队伍管理	25	消防设备、设施技术服务机构从业条件、人员从业资质是否符合要求	消防技术服务机构从业条件、人员从业资质不满足要求，不得分	（1）厅字〔2019〕34号中共中央办公厅、国务院办公厅《关于深化消防执法改革的意见》； （2）应急〔2019〕88号应急管理部《消防技术服务机构从业条件》； （3）应急〔2019〕154号应急管理部《关于贯彻实施国家职业技能标准〈消防设施操作员〉的通知》； （4）人社厅发〔2019〕63号人力资源社会保障部办公厅、应急管理部办公厅《关于颁布消防设施操作员国家职业技能标准的通知》职业编码4-07-05-04《消防设施操作员》	查场站
5.1.8	消防巡查与检查	30	（1）是否定期组织有针对性的防火检查。 （2）是否定期检查对火灾隐患的整改以及防范措施的落实情况。 （3）是否每月对消防设施和器材进行检查并做好记录	（1）企业制度未规定检查内容，扣5分；未组织开展有针对性的消防检查活动，扣10分。 （2）发现隐患未按时消除，每项扣2分。 （3）未定期对消防设施和器材进行检查，或记录存在问题，每次扣5分	（1）DL 5027—2015《电力设备典型消防规程》； （2）Q/BEH-211.10-18—2019《防止电力生产事故的重点要求及实施导则》	（1）、（2）查分公司和场站；（3）查场站
5.1.9	火灾应急预案管理	30	（1）是否制定灭火和应急疏散预案。 （2）是否制定火灾应急处置和应急疏散演练计划，并组织实施	（1）未制定灭火和应急疏散预案，不得分；灭火和应急疏散预案不全面或存在其他问题，各扣5分。 （2）未制定演练计划，不得分；未对演练情况进行评估，扣10分	（1）《中华人民共和国消防法》； （2）GB/T 29639—2013《生产经营单位生产安全事故应急预案编制导则》； （3）DL 5027—2015《电力设备典型消防规程》； （4）Q/BEH-211.10-18—2019《防止电力生产事故的重点要求及实施导则》	查分公司和场站
5.1.10	火灾事故（事件）通报与奖惩	30	（1）发生火灾事故（事件）后是否及时报送。 （2）对事件调查是否完整并编写调查报告。 （3）事件整改措施及奖惩是否落实。 （4）是否组织班组开展对通报进行学习	（1）瞒报、迟报、谎报，不得分。 （2）事件调查不符合规定，不得分。 （3）未落实整改措施，每项扣5分。 （4）未落实奖惩，扣5分。 （5）未对通报组织学习，每班扣5分	（1）《中华人民共和国消防法》； （2）DL 5027—2015《电力设备典型消防规程》	查分公司和场站

序号	评价项目	标准分	查评方法及内容	评分标准	查评依据	适用范围
5.1.11	现场动火管理	40	（1）企业是否制定动火作业管理制度。 （2）动火作业是否履行审批手续。 （3）动火作业是否有专人始终监护。 （4）安全措施是否落实到位。 （5）作业人员是否熟悉消防器材性能和使用方法	（1）未建立动火作业管理制度，不得分；制度内容不完善，扣10分。 （2）动火作业未履行审批手续，不得分。 （3）动火作业现场无监护人，不得分；监护人对防火措施不清楚，扣10分。 （4）动火的安全措施未落实，每项扣10分；防火措施与实际工作不符，不得分。 （5）作业人员不熟悉消防器材性能和使用方法，不得分	（1）DL 5027—2015《电力设备典型消防规程》； （2）Q/BEIH-219.10-08—2013《ERP系统工作票、操作票管理实施细则》； （3）Q/BEIH-211.10-18—2019《防止电力生产事故的重点要求及实施导则》	制度查分公司，其他查场站
5.1.12	消防疏散管理	30	（1）消防疏散通道、安全出口、消防车通道是否畅通。 （2）消防门是否处于正确位置，闭门器等备件是否完好。 （3）应急灯是否完好，安全出口指示牌是否方向正确功能、齐全	（1）消防疏散通道、安全出口、消防车通道堵塞或占用，每处扣5分。 （2）消防门位置不正确，每处扣5分；闭门器损坏，每处扣5分。 （3）应急灯不亮、安全出口指示牌方向错误或功能不全，每处扣5分		查分公司和场站

5.2 消防设施管理

序号	评价项目	标准分	查评方法及内容	评分标准	查评依据	适用范围
5.2	**消防设施管理**	**150**				
5.2.1	建筑消防设施年度检测	30	（1）建筑消防设施是否进行年度检测。 （2）年度检测发现的问题是否制订计划进行并按时整改	（1）未进行年度检测、检测不合格，不得分。 （2）年度检测出现的问题未制订整改计划，不得分；未按时整改，每项扣5分	（1）《中华人民共和国消防法》； （2）GB 25201—2010《建筑消防设施的维护管理》	查场站
5.2.2	消防水系统	60				
5.2.2.1	消防水系统的可靠性	30	（1）建筑物消防设施布置是否符合规范要求。 （2）消防水系统构成及设计流量是否符合规范要求。	（1）建筑物消防设施布置不符合规范要求，每处扣3分。 （2）消防水系统构成及设计流量不符合规范要求，扣10分。	（1）GB 50974—2014《消防给水及消火栓系统设计规范》； （2）GB 50016—2014《建筑设计防火规范》；	查场站

序号	评价项目	标准分	查评方法及内容	评分标准	查评依据	适用范围
5.2.2.1	消防水系统的可靠性	30	（3）消防泵是否有远方启动装置和采用自动启动方式。 （4）消防泵是否进行定期切换试验。 （5）日常消防水系统的压力是否合格。 （6）（稳）高压给水系统、消防水泵是否按规定设置备用泵	（3）无远方操作功能，每台扣5分；消防水泵未在自动启动状态，每台扣5分。 （4）消防泵未做定期试验，每次扣5分。 （5）日常压力不合格，每处扣5分；无静、动压力检测记录，每次扣2分。 （6）（稳）高压给水系统、消防水泵未按规定设置备用泵，不得分；不完善，每处扣5分	（3）DL 5027—2015《电力设备典型消防规程》； （4）NB 31089—2016《风电场设计防火规范》	查场站
5.2.2.2	消防水系统资料	30	（1）检查消防水系统、其竣工验收，与设计图纸是否一致，消防水系统异动后是否更新相关资料，并按有关规定备案。 （2）消防水系统投入、退出是否通过审批。 （3）寒冷地区消防水系统管道是否采取防冻措施。 （4）消防水系统设备是否有检查、测试记录	（1）实际消防水系统与设计不符，未更新相关资料，未按有关规定备案，不得分。 （2）系统投退未进行审批，扣10分。 （3）消防水系统管道未采取防冻措施，不得分。 （4）未定期开展消防水系统设备检查、测试，扣10分	（1）GB 50974—2014《消防给水及消火栓系统设计规范》； （2）DL 5027—2015《电力设备典型消防规程》； （3）NB 31089—2016《风电场设计防火规范》	查场站
5.2.3	火灾自动报警及自动灭火系统设施管理	30	（1）相关管理制度是否落实，火灾报警装置维护管理责任制是否落实。 （2）是否建立火灾报警装置台账。 （3）是否建立检查记录。 （4）现场检查火灾报警是否正常投入运行	（1）维护管理责任制未落实，不得分；责任制落实不到位，扣10分。 （2）未建立火灾报警装置台账，不得分；不健全，扣10分。 （3）无设备检查、试验记录，扣10分；记录不全，每处扣5分；责任人未签字，每处扣5分。 （4）火灾报警装置未投入，不得分；不能正常投入运行，不得分；存在缺陷，每处扣2分。 （5）火灾自动报警系统未定期检验，不得分。 （6）火灾自动报警系统运行不正常，存在严重缺陷，不得分。 （7）火灾自动报警系统有故障、隔离等信号，各类火灾探测器、联动控制盘有误报、误动现象，每处扣1分；缺陷未及时处理，扣5分	（1）GB 50116—2013《火灾自动报警系统设计规范》； （2）GB 25201—2010《建筑消防设施的维护管理》； （3）DL 5027—2015《电力设备典型消防规程》； （4）NB 31089—2016《风电场设计防火规范》	制度查分公司，其他查场站

续表

序号	评价项目	标准分	查评方法及内容	评分标准	查评依据	适用范围
5.2.4	消防中控室管理	30	（1）消防中控室资料是否齐全（如消防图纸、相关管理制度、规程、检查记录、档案、应急预案、设备说明书等资料）。 （2）消防中控室是否按照要求做好值班记录	（1）资料不齐全，每项扣5分。 （2）值班记录不完整，扣5分	（1）GB 25506—2010《消防控制室通用技术要求》； （2）GB 25201—2010《建筑消防设施的维护管理》	查场站

5.3 易燃易爆及危险化学品管理

序号	评价项目	标准分	查评方法及内容	评分标准	查评依据	适用范围
5.3	**易燃易爆及危险化学品管理**	**135**				
5.3.1	易燃易爆物品管理	30	（1）是否建立易燃易爆物品相关管理制度，职责是否明确，管理内容（领用、储存、数量和使用等）是否完善。 （2）是否制定应急预案和现场处置方案	（1）未建立易燃易爆物品相关管理制度，不得分；职责不具体，扣10分；管理内容不完善，扣10分。 （2）未制定应急预案，扣10分；未制定现场处置方案，扣10分	（1）GB 26164.1—2010《电业安全工作规程 第1部分：热力和机械》； （2）DL 5027—2015《电力设备典型消防规程》	制度预案查分公司，处置方案查场站
5.3.2	易燃易爆物品存储	30	（1）检查易燃易爆物品库房通风、防火等级、防雷、接地系统、防爆设施、消防设施是否符合规定。 （2）易燃易爆物品库房是否与员工宿舍在同一建筑物内。 （3）易燃易爆物品是否储存在建筑物的地下室、半地下室内。 （4）易燃易爆品是否存放在特种材料库房，安全警示标志是否醒目	（1）易燃易爆物品库房未有隔热降温及通风措施，不得分。 （2）存在问题如建筑防火等级、防雷、接地系统、防爆设施、消防设施不符合规定，不得分。 （3）易燃易爆物品库房与员工宿舍在同一建筑物内，不得分。 （4）易燃易爆物品储存在建筑物的地下室、半地下室内，不得分。 （5）易燃易爆品存放库房不符合规定，不得分；未设置"严禁烟火"标志，扣5分	（1）GB 26164.1—2010《电业安全工作规程 第1部分：热力和机械》； （2）DL 5027—2015《电力设备典型消防规程》； （3）GA 1131—2014《仓储场所消防安全管理通则》	查场站
5.3.3	易燃易爆高压气瓶管理	30	（1）是否制定相应的管理制度。 （2）现场检查，按附录A评价检查表（第31号）判定是否合格，重点检查氧气、乙炔等气瓶使用。 （3）液化气瓶存储使用是否符合规定	（1）无相关管理制度，不得分。 （2）抽查不符合附录A评价检查表（第31号）规定，每项扣5分。 （3）液化气瓶存储使用不符合规定，每项扣5分	（1）GB 26164.1—2010《电业安全工作规程 第1部分：热力和机械》； （2）GB 11174—2011《液化石油气》； （3）DL 5027—2015《电力设备典型消防规程》	制度查分公司，其他查场站

续表

序号	评价项目	标准分	查评方法及内容	评分标准	查评依据	适用范围
5.3.4	工作人员对易燃易爆物品特性的掌握	30	现场考问有关工作人员（不少于3人）是否熟悉易燃易爆等物品的物理、化学特性，按附录A评价检查表（第32号）判定是否合格	（1）有1人对有关特性不熟悉，扣3分；3人及以上不熟悉，不得分。 （2）存在其他问题扣3分	GB 26164.1—2010《电业安全工作规程 第1部分：热力和机械》	查场站
5.3.5	建筑、装饰材料管理	15	（1）检查办公室、生产、生活区域的设备间、配电室等建筑物是否使用A类阻燃型材料（如岩棉板、酚醛保温板等）作为生产生活建筑用房和设施。 （2）室内装饰、装修满足防火要求	（1）未使用A类阻燃型材料作为生产生活建筑用房和设施，不得分。 （2）室内装饰、装修不满足防火要求，不得分	（1）GB 50222—2017《建筑内部装修设计防火规范》； （2）京能集团办字〔2014〕923号《关于禁止使用苯板等非阻燃型材料作为生产生活建筑设施材料的通知》	查场站

5.4 电缆消防管理

序号	评价项目	标准分	查评方法及内容	评分标准	查评依据	适用范围
5.4	**电缆消防管理**	**85**				
5.4.1	电缆消防管理	30	（1）是否制定电缆消防管理制度。 （2）检查电缆和电缆构筑物是否安全可靠，电缆封堵是否符合要求，电缆是否按照要求涂刷防火涂料，现场电缆敷设是否符合安全要求。 （3）电缆沟道内的防火隔断、封堵、防火门等是否规范。 （4）感温电缆敷设是否符合要求，是否建立检查、测试记录。 （5）施工中动力电缆与控制电缆是否混放、分布不均或堆放在动力电缆与控制电缆之间，是否设置层级耐火隔板。 （6）电缆中间接头盒的两侧及其邻近区域是否增加防火包带等阻燃措施。 （7）电缆竖井中，是否每间隔约7m设置阻火隔层，防火封堵通过楼板结合处是否设置阻燃隔层	（1）未相关电缆消防管理制度，不得分；职责、内容不完善，扣15分。 （2）现场发现封堵不严密，每处扣3分；现场发现未按照要求涂刷防火涂料，每处扣2分。 （3）按要求未设隔断，每处扣4分；隔断或防火门破损，每处扣3分。 （4）感温电缆敷设不符合要求，每处扣2分；未进行定期检查，扣5分；试验未建立记录，扣5分。 （5）动力电缆与控制电缆混放，未设置层级耐火隔板、未采取防范措施，不得分。 （6）电缆中间接头盒的两侧及其邻近区域无防火包、无测温装置，每处扣2分	（1）NB 31089—2016《风电场设计防火规范》； （2）DL 5027—2015《电力设备典型消防规程》	制度查分公司，其他查场站
5.4.2	重要电缆的特殊防护	30	对重要的电缆（如消防水泵、蓄电池直流电源线路、操作直流、主保护等电缆）是否采取耐火型电缆特殊防火措施	重要的电缆未采取耐火型电缆特殊防火措施，不得分；落实不到位，每处扣5分	（1）NB 31089—2016《风电场设计防火规范》； （2）DL 5027—2015《电力设备典型消防规程》	查场站

序号	评价项目	标准分	查评方法及内容	评分标准	查评依据	适用范围
5.4.3	防火材料	25	（1）是否有质量检测报告、合格证。 （2）是否有使用说明等资料	（1）无质量检测报告、合格证，扣 10 分。 （2）无使用说明，扣 5 分	（1）公安部、工商总局、质检总局令第 122 号《消防产品监督管理规定》； （2）GB 28374—2012《电缆防火涂料》	查场站

5.5 生产设备设施消防管理

序号	评价项目	标准分	查评方法及内容	评分标准	查评依据	适用范围
5.5	**生产设备设施消防管理**	**60**				
5.5.1	变压器	30	（1）是否制定固定自动灭火系统检查试验管理规定，并定期进行检查和试验并做好记录。 （2）单台容量为 125MVA 及以上的油浸变压器是否设置固定自动灭火系统及火灾自动报警系统。 （3）户外油浸变压器之间设置防火墙时是否符合要求。 （4）变压器事故油坑设置卵石层是否符合要求。 （5）是否按规定配备移动式灭火器材和沙箱	（1）未制定固定自动灭火系统检查试验管理规定，不得分；未定期试验，扣 5 分；未建立记录或记录不完善，每项扣 5 分。 （2）未按规定设置配备固定自动灭火系统及火灾自动报警系统，不得分。 （3）户外油浸变压器之间设置防火墙时不符合要求，不得分。 （4）变压器事故油坑设置卵石层，不符合要求，扣 10 分；已被淤泥、灰渣及积土所堵塞，扣 10 分。 （5）未按规定配备移动式灭火器材和沙箱，每处扣 5 分	（1）NB 31089—2016《风电场设计防火规范》； （2）DL 5027—2015《电力设备典型消防规程》	制度查分公司，其他查场站
5.5.2	风力发电机组	30	（1）机舱、塔筒内是否采用阻燃电缆，电缆孔洞是否做好防火封堵。 （2）机舱内的保温材料是否采用阻燃材料。 （3）机舱内是否配置高处自救逃生装置。 （4）是否禁止带火种进入风机，在入口处是否悬挂"严禁烟火"的警告标志牌。 （5）是否配备全面的防雷设备，在每年雷雨季节来临前是否对风机的防雷接地系统进行检测。 （6）机组机舱和塔内底部是否配备灭火器，750kW 以上的风机机舱内是否设置无源型悬挂式超细干粉灭火装置或气溶胶灭火装置	（1）未采用阻燃电缆，不得分；电缆孔洞防火封堵有漏洞，每处扣 5 分。 （2）机舱内的保温材料，未采用阻燃材料，不得分。 （3）机舱内未配置高处自救逃生装置，不得分。 （4）未禁止带火种进入风机，在入口处未悬挂"严禁烟火"的警告标志牌，每处（次）扣 5 分。 （5）未配备全面的防雷设备，不得分；在每年雷雨季节来临前未对风机的防雷接地系统进行检测，不得分。 （6）机组机舱和塔内底部未配备灭火器，不得分；未按规定配备灭火器，每处扣 5 分	（1）NB 31089—2016《风电场设计防火规范》； （2）DL 5027—2015《电力设备典型消防规程》	查场站

6　安全管理

6.1　安全目标管理

序号	评价项目	标准分	查评方法及内容	评分标准	查评依据	适用范围
6.1	**安全目标管理**	**100**				
6.1.1	企业目标	30	（1）企业制定的安全目标定位是否准确、全面，是否符合国家和上级单位要求。 （2）制定的措施是否符合目标的要求。 （3）企业制定的安全目标是否完成。 （4）安全生产目标是否经企业主要负责人审批，并以正式文件下发	（1）未制定安全目标，不得分；安全生产目标定位不准确，扣5分；内容不全面、不符合要求，扣5分。 （2）未制定保障措施，不得分；措施制定不全面，不能满足完成目标的要求，扣5分。 （3）措施不落实，超过年度目标考核指标，不得分。 （4）安全生产目标未经企业主要负责人审批，不得分；未以正式文件下发，扣5分	（1）Q/BEH－211.10－02－2019《安全生产工作规定》； （2）Q/BJCE－217.17－01－2019《安全生产工作规定》； （3）Q/BJCE－217.17－03－2019《安全目标管理规定》	查分公司
6.1.2	分级控制	40	（1）是否按照以下原则控制：部门级控制人身轻伤和二类障碍，不发生人身轻伤和人为责任一类障碍；班组级控制未遂和异常，不发生人身轻微伤和二类障碍；个人控制失误和差错，不发生未遂和异常。 （2）各级制定的保障措施是否满足目标要求，且切合实际。 （3）各级安全目标是否完成	（1）安全生产目标定位不准确，扣10分。 （2）措施不全面、不具体，不能满足完成目标的要求，扣10分。 （3）各级发生事件超过年度目标考核指标，部门、班组、个人分别扣10分、8分、5分（按类别兑现统计，不重复考核）	（1）Q/BEH－211.10－02－2019《安全生产工作规定》； （2）Q/BJCE－217.17－01－2019《安全生产工作规定》； （3）Q/BJCE－217.17－03－2019《安全目标管理规定》； （4）司发通〔2013〕146号《司法部关于认真做好贯彻落实〈人体损伤程度鉴定标准〉工作的通知》	查分公司和场站

续表

序号	评价项目	标准分	查评方法及内容	评分标准	查评依据	适用范围
6.1.3	安全目标的奖惩与落实	30	（1）企业是否制定安全生产目标奖惩相关规定。 （2）企业是否落实安全生产目标奖惩规定	（1）未制定安全生产目标奖惩规定，不得分；奖惩规定内容不完善，扣 10 分。 （2）发生不安全事件未兑现安全生产目标奖惩，每项扣 5 分	（1）Q/BEH-211.10-02-2019《安全生产工作规定》； （2）Q/BJCE-217.17-01-2019《安全生产工作规定》； （3）Q/BJCE-217.17-03-2019《安全目标管理规定》	查分公司和场站

6.2 组织机构

序号	评价项目	标准分	查评方法及内容	评分标准	查评依据	适用范围
6.2	**组织机构**	**90**				
6.2.1	安全生产委员会（简称安委会）	30	（1）企业是否成立安委会，是否常设办公室，成员变更后是否按规定及时调整，是否以正式文件下发。 （2）职责是否全面。 （3）是否至少每季度组织召开会议。 （4）会议讨论的问题是否满足安全职责的要求，记录是否完整	（1）未成立安委会，不得分；未设常设办公室，扣 10 分；安委会成员变更后未按规定及时调整，扣 5 分；未以正式文件下发，扣 5 分。 （2）未明确安委会职责，不得分；职责不全，扣 5 分。 （3）未按规定每季度至少召开一次安委会，扣 5 分；安委会主任主持会议全年次数少于 70%，扣 15 分。 （4）会议讨论的问题不满足安全职责的要求，扣 10 分；无会议记录或记录不完整，每次扣 5 分	（1）《中华人民共和国安全生产法》； （2）Q/BEH-211.10-02-2019《安全生产工作规定》； （3）Q/BJCE-217.17-03-2019《安全目标管理规定》	查分公司
6.2.2	保障体系	30	（1）是否建立安全生产保障体系，保障体系成员是否每年及时进行调整，是否以正式文件下发。 （2）保障体系职责内容是否全面。 （3）保障体系职责是否落实	（1）未建立安全生产三级保障体系，扣 15 分；保障体系未每年及时进行调整，扣 5 分；保障体系不健全、不完整未由各级第一责任人组成，扣 5 分；每年未以正式文件下发，扣 5 分。 （2）未建立保障体系职责，不得分；职责内容不全，扣 5 分。 （3）保障体系职责未落实，扣 10 分	（1）《中华人民共和国安全生产法》； （2）Q/BEH-211.10-02-2019《安全生产工作规定》； （3）Q/BJCE-217.17-03-2019《安全目标管理规定》	（1）、（2）查分公司； （3）查分公司和场站
6.2.3	监督体系	30	（1）是否建立安全生产监督体系，监督体系成员是否每年及时进行调整，是否以正式文件下发。 （2）监督体系职责内容是否全面。 （3）监督体系职责是否落实	（1）未建立安全生产三级监督体系，不得分；监督体系未每年及时进行调整，扣 5 分；监督体系不健全、不完整，未由各级安全员组成，扣 5 分。 （2）未建立监督体系职责，不得分；职责内容不全，扣 5 分。 （3）监督体系职责未落实，扣 10 分	（1）《中华人民共和国安全生产法》； （2）Q/BEH-211.10-02-2019《安全生产工作规定》； （3）Q/BJCE-217.17-03-2019《安全目标管理规定》	（1）、（2）查分公司； （3）查分公司和场站

6.3 安全生产责任制

序号	评价项目	标准分	查评方法及内容	评分标准	查评依据	适用范围
6.3	**安全生产责任制**	**225**				
6.3.1	五落实五到位	40	（1）企业是否落实"党政同责"要求，董事长、党组织书记、总经理是否对本企业安全生产工作共同承担领导责任。 （2）企业是否落实安全生产"一岗双责"，所有领导班子成员是否对分管范围内安全生产工作承担相应职责。 （3）企业是否由党组织书记或董事长或总经理任安委会主任。 （4）安全生产管理机构中是否配备注册安全工程师等专业安全管理人员。 （5）是否落实安全生产报告制度，是否定期向业绩考核部门报告安全生产情况。 （6）企业是否做到安全责任到位、安全投入到位、安全培训到位、安全管理到位、应急救援到位	（1）发生事件未落实"党政同责"要求，扣5分。 （2）所有领导班子成员的安全生产工作职责有缺少，或不符合岗位职责，每项扣5分。 （3）未由党组织书记或董事长或总经理任安委会主任，不得分。 （4）安全生产管理机构中未配备注册安全工程师及专业安全管理人员，扣10分。 （5）未落实安全生产报告制度，未定期向业绩考核部门报告安全生产情况，扣5分。 （6）存在安全责任不到位、安全投入不到位、安全培训不到位、安全管理不到位、应急救援不到位的现象，每项扣3分	（1）安监总办〔2015〕27号《国家安全监管总局关于印发企业安全生产责任体系五落实五到位规定的通知》； （2）中发〔2016〕32号《中共中央国务院关于推进安全生产领域改革发展的意见》； （3）京能集团办字〔2015〕363号《安全生产"党政同责、一岗双责"暂行办法》	查分公司
6.3.2	主体责任落实	15	企业是否每年1月和7月向京能清洁能源公司按照要求报告安全生产情况	（1）未定期向京能清洁能源公司报告安全生产情况，不得分。 （2）报告或时间不符合京能清洁能源公司要求，扣5分	京能集团〔2014〕237号《电力企业及主要负责人安全生产主体责任落实情况定期报告》	查分公司
6.3.3	责任制建立与培训宣贯	30	（1）企业是否建立健全全员安全生产责任制。 （2）安全生产责任制是否做到"一企一岗一标准"。 （3）安全生产责任制修编后是否及时向企业员工进行公示，各级人员是否熟知本岗位的安全生产职责	（1）未建立全员安全生产责任制，不得分。 （2）未做到"一企一岗一标准"，扣10分。 （3）未进行公示，扣3分；现场抽查5人，1人不熟悉本岗位安全生产责任制，扣5分；3人及以上不熟悉本岗位安全生产责任制，不得分	（1）《中华人民共和国安全生产法》； （2）Q/BEH－211.10－02－2019《安全生产工作规定》； （3）Q/BJCE－217.17－01－2019《安全生产工作规定》	（1）、（2）查分公司； （3）查场站

序号	评价项目	标准分	查评方法及内容	评分标准	查评依据	适用范围
6.3.4	领导责任制	30	（1）企业领导安全生产责任制是否建立健全，职责内容是否符合本企业安全生产工作规定。 （2）是否切实履行各自的安全职责，且做好重点内容的对照检查	（1）无企业领导人员责任制，不得分；缺少企业领导人员责任制，扣 10 分；责任制与岗位不符合，内容覆盖不全面，扣 5 分。 （2）领导责任制未落实或部分未履行，扣 10 分	（1）《中华人民共和国安全生产法》； （2）中发〔2016〕32 号《中共中央国务院关于推进安全生产领域改革发展的意见》； （3）Q/BEH-211.10-02-2019《安全生产工作规定》； （4）Q/BJCE-217.17-01-2019《安全生产工作规定》	查分公司
6.3.5	部门、场站责任制	30	（1）各部门、场站的安全生产责任制是否建立、健全。 （2）是否切实履行各自的安全职责，且做好重点内容的对照检查	（1）未建立部门、场站安全生产责任制，不得分；责任制与岗位不符合，内容覆盖不全面，扣 5 分。 （2）部门、场站责任制未落实或部分未履行，扣 10 分	（1）《中华人民共和国安全生产法》； （2）中发〔2016〕32 号《中共中央国务院关于推进安全生产领域改革发展的意见》； （3）Q/BEH-211.10-02-2019《安全生产工作规定》； （4）Q/BJCE-217.17-01-2019《安全生产工作规定》	查分公司和场站
6.3.6	专业人员、管理人员责任制	30	（1）各专业人员、管理人员岗位安全生产责任制是否建立、健全。 （2）是否切实履行各自的安全职责，且做好重点内容的对照检查	（1）未建立岗位安全生产责任制，不得分；责任制与岗位不符合，内容覆盖不全面，扣 5 分。 （2）责任制未落实或部分未履行，扣 10 分	（1）《中华人民共和国安全生产法》； （2）中发〔2016〕32 号《中共中央国务院关于推进安全生产领域改革发展的意见》； （3）Q/BEH-211.10-02-2019《安全生产工作规定》； （4）Q/BJCE-217.17-01-2019《安全生产工作规定》	（1）查分公司； （2）查分公司和场站
6.3.7	五同时	25	（1）查阅年度、月度生产会议记录，在计划、布置、检查、总结、考核生产工作的同时，是否计划、布置、检查、总结、考核安全工作。 （2）在布置工作任务时，是否布置安全措施，是否有违章指挥和强令冒险作业的行为等	（1）公司级"五同时"（在计划、布置、检查、总结、评比生产工作的同时进行计划、布置、检查、总结、评比安全工作的原则）工作存在问题，每项扣 5 分。 （2）部门"五同时"工作存在问题，每项扣 4 分。 （3）班组"五同时"工作存在问题，每项扣 3 分	（1）Q/BEH-211.10-02-2019《安全生产工作规定》； （2）Q/BJCE-217.17-01-2019《安全生产工作规定》	（1）查分公司； （2）查分公司和场站； （3）查场站

续表

序号	评价项目	标准分	查评方法及内容	评分标准	查评依据	适用范围
6.3.8	三同时	25	（1）新建、改建、扩建工程项目（统称"建设项目"）和小型基建、重大技改项目的安全设施、消防设施、职业病防护设施是否坚持"三同时"原则，与主体工程同时设计、同时施工、同时投入生产和使用。 （2）查阅新建、改建、扩建项目的设计、概算及竣工验收资料、安全设计专篇、安全验收报告等，是否按照"三同时"的要求执行。 （3）安全设施投资是否纳入建设项目概算	（1）无"三同时"制度，不得分；缺少职责，扣10分；职责不明确，扣5分。 （2）未贯彻"三同时"，不得分。 （3）安全设施投资未纳入建设项目概算，不得分	（1）《中华人民共和国安全生产法》； （2）国家安监总局令第77号《建设项目安全设施"三同时"监督管理办法》； （3）GB 26164.1—2010《电业安全工作规程　第1部分：热力和机械》	（1）查分公司； （2）、（3）查场站

6.4　法律法规、规程、规章制度与执行

序号	评价项目	标准分	查评方法及内容	评分标准	查评依据	适用范围
6.4	法律法规、规程、规章制度与执行	**230**				
6.4.1	法律法规的收集与公布	30	（1）企业是否制定法律法规的收集与公布的相关制度或文件。 （2）是否明确法律法规的管理部门。 （3）是否确定法律法规的收集方法。 （4）是否定期公布现行有效的法律法规。 （5）是否将适用的法律法规传达到相关岗位	（1）未建立法律法规的收集与公布的相关制度或文件，不得分；缺少职责，扣10分；职责不明确，扣5分。 （2）未明确管理部门，不得分。 （3）未明确收集方法，扣5分。 （4）未定期公布适用有效的法律法规，扣10分；存在无效的法律法规，扣3分。 （5）未进行传达，或传达中存在缺失，扣6分	（1）Q/BEH-211.10-02－2019《安全生产工作规定》； （2）Q/BJCE-217.17-01－2019《安全生产工作规定》	（1）～（4）查分公司； （5）查分公司和场站
6.4.2	制度、规程	40	（1）是否制定规程、制度等的管理制度。 （2）规程、规定、制度等是否符合上级规定和设备系统实际，现场规程是否按照上级新颁规程和反措、设备系统异动实际情况及时补充或修订。	（1）未建立相关管理制度，扣10分。 （2）规程、规定、制度内容不符合上级要求和设备系统实际，每项扣5分；未及时补充或修订，扣10分。	（1）《中华人民共和国安全生产法》； （2）Q/BEH-211.10-02－2019《安全生产工作规定》；	（1）、（4）查分公司； （2）、（3）、（5）查分公司和厂（场）站

序号	评价项目	标准分	查评方法及内容	评分标准	查评依据	适用范围
6.4.2	制度、规程	40	（3）是否将适用的规程制度传达到相关岗位。 （4）现场规程是否每年进行一次复查、修订（每3~5年进行一次全面修订），是否定期公布现行有效的现场规程、制度清单。 （5）现场规程的补充或修订是否严格履行审批程序，是否及时通知有关人员	（3）未及时将适用的规程、规定制度传达到相关岗位，每处扣5分。 （4）未按规定进行复查、修订，扣20分；未定期公布现行有效的规程、规定、制度清单，扣10分。 （5）审批程序、发放、通知有缺失，每项扣5分	（3）Q/BJCE－217.17－01－2019《安全生产工作规定》	（1）、（4）查分公司； （2）、（3）、（5）查分公司和厂（场）站
6.4.3	两票三制	160				
6.4.3.1	工作票、操作票	40	（1）企业是否制定"两票"管理制度（涵盖动火、有限空间）。 （2）"两票"执行是否符合规定	（1）未制定"两票"制度，不得分；制度中未明确管理部门，不得分；缺少职责，扣10分；职责不明确，扣5分；制度内容不全，扣5分。 （2）抽查所属场站执行中或已执行"两票"（不少于15张），存在问题，每张扣2分	（1）GB 26164.1－2010《电业安全工作规程 第1部分：热力和机械》； （2）GB 26860－2011《电力安全工作规程 发电厂和变电站电气部分》； （3）DL 5027－2015《电力设备典型消防规程》； （4）Q/BEIH－219.10－08－2013《ERP系统工作票、操作票管理实施细则》； （5）Q/BJCE－218.17－24－2019《工作票管理规定》； （6）Q/BJCE－218.17－25－2019《运行操作票管理规定》	（1）查分公司； （2）查场站
6.4.3.2	交接班管理制度	30	（1）企业是否制定交接班管理制度。 （2）交接班管理是否符合要求	（1）未制定交接班管理制度，不得分；制度中未明确管理部门，不得分；缺少职责，扣10分；职责不明确，扣5分；制度内容不全，扣5分。 （2）交接班执行中存在问题，每次扣2分	Q/BJCE－218.17－06－2019《风力、光伏发电企业运行交接班管理规定》	（1）查分公司； （2）查场站

续表

序号	评价项目	标准分	查评方法及内容	评分标准	查评依据	适用范围
6.4.3.3	巡回检查制度	30	（1）分公司是否制定巡回检查制度。 （2）风电场站是否建立管理细则。 （3）巡回检查是否符合要求	（1）未制定运行巡回检查制度，不得分；无维护巡回检查制度，不得分；制度中未明确管理部门，不得分；缺少职责，扣 10 分；职责不明确，扣 5 分；制度内容不全，扣 5 分。 （2）未制定管理细则，扣 10 分；缺少职责，扣 5 分；职责不明确，扣 5 分；制度内容不全，扣 5 分。 （3）制度执行中存在问题，每次扣 2 分	Q/BJCE－218.17－08－2019《风力、光伏发电企业巡回检查管理规定》	（1）查分公司； （2）、（3）查场站
6.4.3.4	设备定期试验轮换制度	30	（1）企业是否制定设备定期试验轮换制度。 （2）风电场站是否建立管理细则。 （3）设备定期试验轮换制度执行是否符合要求	（1）未制定设备定期试验轮换制度，不得分；制度中未明确管理部门，不得分；缺少职责，扣 10 分；职责不明确，扣 5 分；制度内容不全，扣 5 分。 （2）未制定管理细则，扣 10 分；缺少职责，扣 5 分；职责不明确，扣 5 分；制度内容不全，扣 5 分。 （3）制度执行中存在问题，每次扣 2 分	Q/BJCE－218.17－10－2019《风力、光伏发电企业设备定期试验及轮换管理规定》	（1）查分公司； （2）、（3）查场站
6.4.3.5	"两票三制"执行部门的检查	30	（1）企业是否制定"两票三制"检查的相关制度。 （2）是否及时进行"两票"分析，对存在的问题是否制定相应整改措施。 （3）"三制"执行中的问题，是否对存在的问题制定相应整改措施	（1）未制定有关"两票三制"检查的相关制度，不得分；制度中未明确管理部门及责任，不得分；缺少职责，扣 10 分；管理职责、检查重点内容不明确，扣 5 分。 （2）未及时进行"两票"分析，不得分；未对具体问题分析，每个扣 5 分；对存在的问题未制定相应整改措施，扣 10 分。 （3）"三制"执行中的问题未制定相应整改措施，扣 10 分	（1）GB 26164.1－2010《电业安全工作规程　第 1 部分：热力和机械》； （2）GB 26860－2011《电力安全工作规程　发电厂和变电站电气部分》； （3）DL 5027－2015《电力设备典型消防规程》； （4）Q/BJCE－218.17－06－2019《风力、光伏发电企业运行交接班管理规定》； （5）Q/BJCE－218.17－08－2019《风力、光伏发电企业巡回检查管理规定》； （6）Q/BJCE－218.17－10－2019《风力、光伏发电企业设备定期试验及轮换管理规定》	（1）查分公司； （2）查分公司和场站； （3）查场站

6.5 反事故措施与安全技术劳动保护措施

序号	评价项目	标准分	查评方法及内容	评分标准	查评依据	适用范围
6.5	**反事故措施与安全技术劳动保护措施（简称"两措"）**	**150**				
6.5.1	反事故措施（简称反措）	30	（1）是否制定本企业反措实施细则（根据国家和上级颁发的反措、需要消除的重大缺陷、提高设备可靠性的技术改进措施以及本企业事故防范对策进行编制）。 （2）反措计划内容是否全面，是否做到"四落实"（项目、完成时间、资金、责任单位及责任人）。 （3）每年的反措计划是否满足现场要求	（1）未制定反措实施细则，不得分；实施细则针对性不强，每项扣5分。 （2）实施细则内容不全面，扣10分。 （3）反措不能满足现场要求，扣10分；疏于管理造成事故，不得分；疏于管理造成一类障碍，扣10分	（1）电监安全〔2011〕23号《发电企业安全生产标准化规范及达标评级标准》； （2）Q/BEH-211.10-02-2019《安全生产工作规定》	（1）、（2）查分公司； （3）查场站
6.5.2	安全技术劳动保护措施（简称安措）	30	（1）是否制定本企业的安全技术劳动保护措施和职业病防护措施或实施细则。 （2）实施细则是否全面。 （3）每年的安全技术劳动保护措施计划是否满足实际要求	（1）未制定本企业的安措和职业病防护措施或实施细则，不得分；实施细则针对性不强，扣5分。 （2）实施细则内容不全面，扣10分。 （3）安措计划不满足实际要求，扣10分；疏于管理造成人身重伤及以上事故，不得分	（1）电监安全〔2011〕23号《发电企业安全生产标准化规范及达标评级标准》； （2）Q/BEH-211.10-02-2019《安全生产工作规定》	（1）、（2）查分公司； （3）查场站
6.5.3	企业"两措"计划	30	（1）年度"两措"计划项目是否结合安全性评价、运行分析、事故报告等要求编制。 （2）"两措"计划是否做到"四落实"（项目、完成时间、资金、责任单位及责任人）。 （3）"两措"计划、未完成的项目是否经有关领导进行审批	（1）"两措"计划未按规定结合安全性评价、运行分析、事故报告等要求编制，扣10分。 （2）计划未做到"四落实"，每项扣5分。 （3）编制的"两措"计划未经有关领导审批，不得分；未完成的项目未经有关领导审批，每项扣5分	（1）电监安全〔2011〕23号《发电企业安全生产标准化规范及达标评级标准》； （2）Q/BEH-211.10-02-2019《安全生产工作规定》	（1）、（2）查分公司； （3）查分公司、场站
6.5.4	部门、场站"两措"计划	30	（1）是否组织场站根据实际情况制定年度"两措"计划，并汇总上报分公司。 （2）是否落实公司"两措"计划	（1）未根据设备实际情况制定年度"两措"计划，发生事故，不得分；未根据实际情况，组织制定年度"两措"计划，扣10分。 （2）未落实计划项目且未履行延期手续，每项扣5分	（1）电监安全〔2011〕23号《发电企业安全生产标准化规范及达标评级标准》； （2）Q/BEH-211.10-02-2019《安全生产工作规定》	（1）查分公司； （2）查场站

续表

序号	评价项目	标准分	查评方法及内容	评分标准	查评依据	适用范围
6.5.5	"两措"计划的检查	30	（1）主管部门是否定期检查"两措"计划的实施情况。 （2）公司是否每半年对完成情况进行总结。 （3）对未完成项目是否采取应对措施	（1）主管部门负责人未定期检查记录，不得分。 （2）未总结每半年完成情况，不得分。 （3）未完成项目未采取应对措施，每项扣10分	（1）电监安全〔2011〕23号《发电企业安全生产标准化规范及达标评级标准》； （2）Q/BEH-211.10-02—2019《安全生产工作规定》	（1）查分公司； （2）查分公司和场站； （3）查场站

6.6　教育培训

序号	评价项目	标准分	查评方法及内容	评分标准	查评依据	适用范围
6.6	**教育培训**	**245**				
6.6.1	制度、计划	30	（1）企业是否根据国家、行业有关生产教育培训等规定，建立生产教育培训管理制度。 （2）是否编制年度教育培训计划，是否做到"四落实"（项目、资金、责任人、计划完成时间）。 （3）计划项目内容是否包括国家行业和清洁能源的有关教育培训的要求。 （4）企业教育培训计划工作是否落实	（1）未建立生产教育培训管理制度，不得分；未明确主管部门，不得分；生产教育培训管理制度职责不完善，扣10分；内容不完善、不具体，扣10分。 （2）未编制教育培训计划、计划未做到"四落实"，不得分。 （3）未将安全教育培训计划纳入生产培训计划中，不得分；内容不符合规定，扣10分。 （4）教育培训计划未落实，每项扣2分；企业年度教育培训计划未经审批，每项扣5分	（1）国家安监总局令第3号《生产经营单位安全培训规定》； （2）国家安监总局令第44号《安全生产培训管理办法》	（1）～（3）查分公司； （4）查分公司和场站
6.6.2	主要负责人和安全生产管理人员培训	15	（1）是否参加由政府相关部门或专业安全培训机构进行的培训并持证上岗。 （2）学时是否达到以下规定：初学培训时间不少于32学时，每年再培不少于12学时。 （3）是否参加安全知识更新学习	（1）未持证上岗，每人扣5分。 （2）学时未达到规定，每人扣5分。 （3）未参加安全知识更新学习，每人扣5分	（1）《中华人民共和国安全生产法》； （2）Q/BEH-217.10-22—2018《安全培训管理规定》； （3）Q/BJCE-217.17-57—2019《安全培训管理规定》	（1）～（3）查分公司和场站
6.6.3	新任命生产领导人员培训	15	（1）新任命的企业分管生产领导、生产部门负责人是否经过有关安全生产的方针、法规、规程制度和岗位安全职责的学习培训。 （2）是否取得培训合格证书	（1）有1人未按规定培训，不得分。 （2）6个月无取培训合格证书，每人扣10分	国家安监总局令第3号《生产经营单位安全培训规定》	查分公司

序号	评价项目	标准分	查评方法及内容	评分标准	查评依据	适用范围
6.6.4	三级安全教育	15	（1）准备入职生产岗位的人员（含实习、代培人员等）是否经过三级安全教育［厂、部门（车间）、班组］。 （2）进入生产现场工作人员是否经《安规》考试合格	（1）未经过三级安全教育，每人扣 5 分。 （2）未经《安规》考试进入生产现场工作人员，每人扣 5 分；《安规》考试不及格未进行补考进入生产现场，不得分	国家安监总局令第 3 号《生产经营单位安全培训规定》	（1）、（2）查分公司和场站
6.6.5	上岗培训	15	新上岗的运行、检修、试验人员（含技术人员）是否经过有关规程制度的学习、现场见习和跟班学习，且经考试合格后上岗	新上岗人员未经过相关学习，不得分；未经考试并合格后上岗的，每人扣 5 分	（1）国家安监总局令第 3 号《生产经营单位安全培训规定》； （2）Q/BJCE－218.17－50—2019《生产培训管理规定》	（1）、（2）查场站
6.6.6	在岗生产人员的培训	15	（1）是否定期进行有针对性的现场考问、反事故演习、技术问答、事故预想等现场培训活动，是否定期对涉及重大危险源的人员进行相关法律法规、规章制度、应急预案等内容的培训和考试。 （2）离岗 3 个月及以上的生产（运行、检修）人员，是否经过熟悉设备系统、熟悉运行方式的跟班实习，是否经《安规》考试合格后上岗工作。 （3）人员调换岗位，所操作设备或技术条件发生变化，是否进行适应新岗位、新操作方法的安全技术教育和实际操作训练，是否经考试合格后上岗工作	（1）在岗生产人员未定期培训，每人扣 2 分。 （2）离岗 3 个月及以上的生产（运行、检修）人员，未经《安规》考试合格并上岗，每人扣 5 分。 （3）人员调换岗位，所操作设备或技术条件发生变化，未进行适应新岗位、新操作方法的安全技术教育和实际操作训练，未经考试合格后上岗工作，每人扣 3 分	（1）Q/BEH－217.10－22—2018《安全培训管理规定》； （2）Q/BJCE－217.17－57—2019《安全培训管理规定》； （3）Q/BJCE－218.17－50—2019《生产培训管理规定》	（1）～（3）查分公司和场站
6.6.7	人员持证上岗管理	30	（1）企业是否建立安全生产持证上岗相关管理制度，是否建立台账。 （2）特种作业、特种设备作业人员是否经过国家规定的专业培训持证上岗	（1）未建立相关制度，不得分；未建立台账，扣 10 分；内容不完善，扣 5 分。 （2）未持证上岗，不得分；证件已超期，未定期复审，每人扣 5 分	国家安监总局令第 3 号《生产经营单位安全培训规定》	查分公司、场站
6.6.8	安全生产法规和规程制度的考试	15	（1）企业的正副职领导、正副总工程师，是否每年进行一次有关安全生产法规和规程制度的考试。 （2）部门负责人、专业技术人员及场站负责人，是否每年进行一次有关安全生产规程制度的考试。 （3）部门、场站的运行、检修、试验人员及特种作业人员、特种设备作业人员，是否每年进行安全生产规程制度的考试	（1）领导未参加安全生产法规和规程制度的考试，每人扣 5 分。 （2）部门负责人、专业技术人员及场站负责人未参加安全生产法规和规程制度的考试，每人扣 3 分。 （3）部门、场站的人员未每年进行安全生产规程制度的考试，每人扣 2 分	（1）国家安监总局令第 3 号《生产经营单位安全培训规定》； （2）Q/BJCE－217.17－57—2019《安全培训管理规定》	（1）查分公司； （2）、（3）查分公司和场站

序号	评价项目	标准分	查评方法及内容	评分标准	查评依据	适用范围
6.6.9	"三种人"资格	15	（1）企业每年是否对"三种人"（即工作票签发人、工作负责人、工作许可人）进行培训考试。 （2）经考试合格后，是否以正式文件公布资格名单，并印发各有关部门和生产岗位	（1）每年未对"三种人"进行培训考试，不得分。 （2）"三种人"未以正式文件公布下发，不得分；类别划分不满足专业要求，每项扣4分；正式文件公布未发到有关部门和生产岗位，每处扣2分	（1）国家安监总局令第3号《生产经营单位安全培训规定》； （2）Q/BJCE－217.17－57—2019《安全培训管理规定》	（1）查分公司； （2）查分公司、场站
6.6.10	员工教育培训档案	20	（1）企业是否将入职培训、上岗培训、运行规程培训、检修工艺规程培训、安全工作规程的培训考试成绩记入个人教育培训档案。 （2）是否对考试不及格的限期补考	（1）未建立个人培训档案，不得分；个人培训档案不齐全，每项扣4分。 （2）培训考试不合格，每人扣2分；未限期补考，每人扣10分；补考不及格未下岗，不得分	（1）国家安监总局令第3号《生产经营单位安全培训规定》； （2）Q/BJCE－217.17－57—2019《安全培训管理规定》	查分公司、场站
6.6.11	安全再教育	30	（1）企业是否对违反规程制度造成事故、一类障碍、严重未遂和人身轻伤的责任者重新培训，学习有关规程制度，经考试合格后上岗。 （2）是否做到档案、记录齐全	（1）未对责任者进行培训考试重新上岗，每人扣10分。 （2）档案、记录不齐全，每人扣5分	（1）国家安监总局令第3号《生产经营单位安全培训规定》； （2）Q/BJCE－217.17－57—2019《安全培训管理规定》	（1）查分公司； （2）查场站
6.6.12	事故案例教育	15	是否将企业内部及外部的典型事故案例及时对有关人员进行教育	企业内部的典型事故案例未及时对相关人员进行教育，扣5分；外部的典型事故案例未及时对有关人员进行教育，扣5分	（1）国家安监总局令第3号《生产经营单位安全培训规定》； （2）Q/BEH.217.10－22—2018《安全培训管理规定》； （3）Q/BJCE－217.17－57—2019《安全培训管理规定》	查场站
6.6.13	安全教育培训资料	15	厂（场）站是否建立安全教育培训资料库	无安全教育资料或实物，扣5分	（1）Q/BEH.217.10－22—2018《安全培训管理规定》； （2）Q/BJCE－217.17－57—2019《安全培训管理规定》	查场站

6.7 安全例行工作

序号	评价项目	标准分	查评方法及内容	评分标准	查评依据	适用范围
6.7	**安全例行工作**	**180**				
6.7.1	月度安全生产分析会（企业）	30	（1）企业主要负责人或分管负责人是否每月主持召开一次月度安全生产分析会，由有关部门参加。 （2）是否总结安全生产重点工作完成情况，综合分析安全生产情况，总结事件教训及安全生产管理上存在的薄弱环节，研究采取预防事件的措施。 （3）是否布置下月安全生产重点工作并做好记录	（1）企业主要负责人或分管负责人未每月主持召开月度安全分析会，每次扣5分；未定期正常召开，每次扣5分。 （2）未总结安全生产重点工作完成情况，扣5分；未综合分析安全生产情况，扣5分；未总结事件教训采取预防性的措施，扣5分。 （3）未布置下月的安全生产重点工作，扣5分；未建立记录，扣5分；记录不全，每次扣2分	（1）Q/BEH–211.10–02—2019《安全生产工作规定》； （2）Q/BJCE–217.17–01—2019《安全生产工作规定》	查分公司
6.7.2	月度安全生产分析会（场站）	30	（1）场站主要负责人是否每月主持召开一次安全生产分析会，由有关人员参加。 （2）是否总结安全生产重点工作完成情况、综合分析安全生产情况、总结事件教训及安全生产管理上存在的薄弱环节、研究采取预防事件的措施。 （3）是否布置下月安全生产重点工作并做好记录	（1）场站主要负责人未每月主持召开月度安全分析会，每次扣3分；未定期正常召开，每次扣5分。 （2）未总结安全生产重点工作完成情况，扣3分；未综合分析安全生产情况，扣3分；未总结事件教训采取预防性的措施，扣5分。 （3）未布置下月的安全生产重点工作，扣5分；未建立记录，扣5分；记录不全，每次扣2分	（1）Q/BEH–211.10–02—2019《安全生产工作规定》； （2）Q/BJCE–217.17–01—2019《安全生产工作规定》	查场站
6.7.3	班前会、班后会	30	（1）班前会是否结合当天的工作任务、运行方式，做危险点分析，布置安全措施，讲解安全注意事项；并做好记录。 （2）班后会是否总结讲评当班工作和安全情况，表扬好人好事，批评忽视安全、违章作业等不良现象，并做好记录	（1）班前会未按规定召开，每次扣3分；内容不全，每次扣2分；缺记录，每次扣2分。 （2）班后会未按规定召开，每次扣3分；内容不全，每次扣2分；缺记录，每次扣2分	（1）Q/BEH–211.10–02—2019《安全生产工作规定》； （2）Q/BJCE–217.17–01—2019《安全生产工作规定》	查场站
6.7.4	安全日活动	30	（1）安全日活动是否定期开展，做到内容充实、联系实际、讲求实效。 （2）是否做好记录。 （3）场站负责人是否参加并检查活动情况	（1）未能正常召开，不得分；未联系实际制定安全措施，扣5分。 （2）无记录，不得分；缺记录，每次扣5分。 （3）场站负责人无故不参加活动，不得分；未定期检查活动情况，扣10分	（1）Q/BEH–211.10–02—2019《安全生产工作规定》； （2）Q/BJCE–217.17–01—2019《安全生产工作规定》	查场站

续表

序号	评价项目	标准分	查评方法及内容	评分标准	查评依据	适用范围
6.7.5	安全检查	30	（1）是否根据情况组织场站进行综合性安全检查、专项检查、日常检查。 （2）是否结合季节特点和事故规律每年进行春、秋季安全检查，检查前是否编制检查提纲或安全检查表，经主管领导审批后执行，检查内容是否以查领导、查思想、查管理、查规程制度、查隐患为主。 （3）对查出的问题是否制订整改计划并监督落实。 （4）安全检查后是否进行总结和考核	（1）未进行综合性安全检查、专项检查、日常检查，每次扣5分。 （2）未结合特点、规律开展安全检查，不得分；检查前未编制检查提纲或安全检查表，扣10分；未经主管领导审批，扣10分；未以"五查"为主，每项扣5分。 （3）无整改计划，每项扣5分；未监督落实闭环管理，每项扣5分。 （4）无总结、考核，每项扣5分	（1）Q/BEH－211.10－02—2019《安全生产工作规定》； （2）Q/BJCE－217.17－01—2019《安全生产工作规定》； （3）Q/BJCE－217.17－38—2019《安全检查管理规定》	（1）、（3）、（4）查分公司和场站； （2）查分公司和电站
6.7.6	反违章管理	30	（1）是否制定违章现象（包括行为性、装置性、管理性、指挥性违章）管理相关规定，有无检查记录。 （2）是否定期对违章情况进行分析总结，有针对性治理	（1）无相关管理制度，不得分；无职责，扣10分；相关管理制度内容不完善，扣5分；未开展反违章工作，不得分；未建立考核记录，扣10分；未按标准考核，每项扣5分。 （2）未定期相关分析、总结，扣5分；未针对性治理，未达到闭环管理，每项扣5分	（1）Q/BEH－211.10－02—2019《安全生产工作规定》； （2）Q/BJCE－217.17－01—2019《安全生产工作规定》	查分公司和电站

6.8 发承包、租赁、外委单位和劳务派遣安全管理

序号	评价项目	标准分	查评方法及内容	评分标准	查评依据	适用范围
6.8	发承包、租赁、外委单位和劳务派遣安全管理	**210**				
6.8.1	制度管理	30	（1）企业是否制定发承包、租赁、外委单位和劳务派遣用工安全管理制度，明确发包方和承包方的职责。 （2）发承包、租赁、外委单位和劳务派遣用工归口管理部门及其职责是否明确	（1）无管理制度，不得分；未明确归口管理部门，不得分；管理部门职责不清晰，扣10分。 （2）制度中未明确发包方和承包方职责，扣10分；责任条款中有违反相关法律法规和上级规定，每条扣5分	（1）Q/BEH－211.10－02—2019《安全生产工作规定》； （2）Q/BJCE－217.17－01—2019《安全生产工作规定》； （3）Q/BJCE－217.17－43—2019《外委单位安全管理规定》	查分公司

序号	评价项目	标准分	查评方法及内容	评分标准	查评依据	适用范围
6.8.2	资质审核	30	（1）企业是否对承包单位、承租单位的资质如营业执照、法人代表资质证书、法人授权委托书、企业安全资质证书、施工资质证书［承装（修、试）电力设施许可证］等和近三年安全施工（维护）记录进行审核。 （2）企业是否对涉及特种设备、消防、危险化学品、建筑等特殊行业的企业资质进行独立审核。 （3）是否对承包单位、承租单位的人员作业资质证书进行审核，是否满足所从事岗位的安全生产要求。 （4）是否对外委单位提供的人员身份信息、健康证明、工伤保险（或意外伤害保险）等相关资料进行审核	（1）生产经营项目、场所、设备发包、租赁给不具备资质和安全生产条件的单位或者个人，不得分。 （2）资质审核不符合要求，每项扣10分。 （3）特殊行业的企业资质任一项不符合要求，不得分。 （4）人员资质证书不合格，每人扣5分	（1）Q/BEH–211.10–02—2019《安全生产工作规定》； （2）Q/BJCE–217.17–01—2019《安全生产工作规定》； （3）Q/BJCE–217.17–43—2019《外委单位安全管理规定》	查分公司和场站
6.8.3	合同及安全协议管理	30	（1）与承包单位、承租单位是否签订合同（单位法人），同时签订安全管理协议并盖单位公章（或合同专用章）作为合同附件。 （2）安全管理协议中是否明确双方安全管理职责、安全责任、安全目标、安全风险辨识和控制、事故应急救援、检查考核条款等是否经发包方审查签字，并经发包方安全监督部门审核签字后生效。 （3）两个以上单位在同一作业区域内开展作业可能危及对方生产安全时，是否签订安全管理协议，并明确各自职责和安全措施。 （4）是否对承包单位、承租单位、外委单位的安全工作实行统一协调、管理	（1）未签订安全生产管理协议，不得分。 （2）安全管理协议内容的不符合规定，每项扣5分；未经安监部门审查同意，不得分。 （3）两个以上外委单位在同一施工区域内进行交叉作业，可能危及对方安全，未签订了安全生产管理协议，不得分；各自的安全生产管理职责和应当采取的安全措施不明确，扣10分；各方未设置安全管理人员，扣10分。 （4）未对承包单位、承租单位、外委单位的安全生产统一协调、管理，不得分	（1）Q/BEH–211.10–02—2019《安全生产工作规定》； （2）Q/BJCE–217.17–01—2019《安全生产工作规定》； （3）Q/BJCE–217.17–43—2019《外委单位安全管理规定》	查分公司和场站
6.8.4	劳务派遣工安全管理	40	（1）是否与劳务派遣单位签订劳务派遣协议，是否明确双方安全生产管理的权利、义务和责任。 （2）是否对劳务派遣用工进行安全教育培训。 （3）是否将劳务派遣工纳入企业员工范围进行安全管理。 （4）是否按国家标准或行业标准为劳务配备安全防护用品	（1）未签订协议，不得分；双方安全生产管理的权利、义务和责任不明确，扣10分。 （2）未进行安全教育、未考试就上岗，每人扣5分。 （3）未将劳务派遣工纳入企业员工范围进行安全管理，不得分。 （4）未按国家标准或行业标准为劳务配备安全防护用品，每人扣5分	Q/BJCE–217.17–43—2019《外委单位安全管理规定》	查分公司或场站

序号	评价项目	标准分	查评方法及内容	评分标准	查评依据	适用范围
6.8.5	承包单位、承租单位、外委单位人员、劳务派遣安全培训	40	（1）承包单位、承租单位人员、外委单位、劳务派遣上岗前，是否经过安全生产知识和安全生产规程的培训且考试合格。 （2）是否对外委单位安全生产教育培训工作进行监督检查，是否有相关记录。 （3）安全培训档案记录是否齐全	（1）未经考试合格上岗，不得分。 （2）对外委单位安全生产教育培训工作监督不力，每次扣10分；未开展相关安全技术培训，每次扣10分。 （3）安全培训档案记录不齐全，扣10分	（1）Q/BEH－211.10－02—2019《安全生产工作规定》； （2）Q/BJCE－217.17－01—2019《安全生产工作规定》； （3）Q/BJCE－217.17－43—2019《外委单位安全管理规定》	查场站
6.8.6	劳务派遣用工的安全统计	40	劳务派遣的安全管理、事故统计、考核是否纳入场站正常管理工作范围并符合规定	劳务派遣用工的安全管理、事故统计、考核未纳入场站正常管理工作范围，不得分	（1）Q/BEH－211.10－02—2019《安全生产工作规定》； （2）Q/BJCE－217.17－01—2019《安全生产工作规定》； （3）Q/BJCE－217.17－43—2019《外委单位安全管理规定》	查场站

6.9　安全生产监督

序号	评价项目	标准分	查评方法及内容	评分标准	查评依据	适用范围
6.9	**安全生产监督**	**240**				
6.9.1	安全生产监督机构	30	（1）企业是否设独立的安全生产监督机构，其职责、职权是否符合规定。 （2）安全监督机构内是否设不少于5名专职安全监督人员，是否配备不少于1名注册安全工程师，人员装备是否满足基本要求。 （3）安全监督机构的待遇是否不低于主要生产部门的待遇	（1）未设置独立安全监督机构，不得分；职责、职权不符合京能集团、京能清洁能源公司相关规定，扣10分。 （2）安全监督机构中未配备注册安全工程师，扣10分；人员装备未满足基本要求，扣5分；安全监督机构人员配置少于5人，扣10分。 （3）安全监督机构待遇低于主要生产部门的待遇，安全监督人员的待遇低于主要生产部门对应岗位的待遇，不得分	（1）《中华人民共和国安全生产法》； （2）Q/BEH－211.10－03—2019《安全生产监督规定》； （3）Q/BJCE－217.17－26—2019《安全生产监督规定》	查分公司
6.9.2	三级安全网	30	（1）三级安全网是否健全。 （2）企业主要生产部门是否设专职安全员，其待遇是否不低于其他专业主管；厂（场）站是否设置专、兼职安全员；其他部门、场站、班组是否设兼职安全员	（1）安全网不健全，扣10分。 （2）主要生产部门未设专职安全员，不得分；专职安全员待遇低于其他同级专业主管，扣10分；场站未设置专、兼职安全员，扣10分；其他部门未设兼职安全员，扣5分	（1）《中华人民共和国安全生产法》； （2）Q/BEH－211.10－03—2019《安全生产监督规定》； （3）Q/BJCE－217.17－26—2019《安全生产监督规定》	查分公司、场站

序号	评价项目	标准分	查评方法及内容	评分标准	查评依据	适用范围
6.9.3	安全网活动	30	（1）企业安监部门负责人是否每月主持召开安全网例会和活动。 （2）是否落实上级有关安全生产监督工作要求，分析安全生产动态。 （3）是否研究下一阶段安全监察工作重点，并提出建设性意见	（1）安监部门负责人无故每月未主持安全网例会，不得分；安监部门负责人未每月主持安全网例会，每次扣5分；未定期召开安全网例会，每次扣5分。 （2）安全网会未落实职责，扣10分；无会议记录，扣10分。 （3）未布置下一阶段安监工作重点，提出建设性意见，扣10分	（1）《中华人民共和国安全生产法》； （2）Q/BEH－211.10－03－2019《安全生产监督规定》； （3）Q/BJCE－217.17－26－2019《安全生产监督规定》	查分公司
6.9.4	安全生产监督人员	30	（1）安全生产监督人员是否履行所赋予的安全监督职权。 （2）安监部门是否建立监督检查记录，记录监督检查发现问题的时间、地点、内容及其处理情况。 （3）发现重大问题和隐患，安监部门是否及时下达安全生产监督通知、限期解决，是否经主管领导签发执行	（1）未经常深入现场，对违章制止不力，不得分。 （2）未建立监督检查记录本，不得分；监督检查记录有重要的缺失，每次扣5分。 （3）重大问题和隐患未及时下达主管领导签发的通知书，不得分；未按期完成整改又无相应措施，不得分	（1）《中华人民共和国安全生产法》； （2）Q/BEH－211.10－03－2019《安全生产监督规定》； （3）Q/BJCE－217.17－26－2019《安全生产监督规定》	查分公司和场站
6.9.5	安全简报	30	（1）安全监督部门是否转发上级有关安全通报，并组织认真学习，吸取教训。 （2）是否每月至少编制一期本单位的安全简报，总结分析安全生产中存在的问题，提出要求和具体的改进措施，对职工进行安全教育，向有关单位汇报和反馈事故信息	（1）未及时转发上级通报，安全简报，扣10分；未组织认真学习，吸取教训，每次扣5分。 （2）未定期编制本单位安全简报，不得分；未定期分析、总结本单位的安全生产工作缺乏指导性，内容空洞，每次扣10分	（1）《中华人民共和国安全生产法》； （2）Q/BEH－211.10－03－2019《安全生产监督规定》； （3）Q/BJCE－217.17－26－2019《安全生产监督规定》	查分公司（简报），查场站（学习记录）
6.9.6	两票监督管理	30	（1）安全监督部门是否每月对报送的"两票"评价、合格率统计、考核等管理工作进行监督检查，并按规定进行考核。 （2）是否定期对"两票"执行情况分析总结进行检查	（1）未监督、未考核，扣10分。 （2）未对"两票"执行情况分析总结进行检查，扣10分	（1）《中华人民共和国安全生产法》； （2）GB 26164.1－2010《电业安全工作规程　第1部分：热力和机械》； （3）Q/BEH－211.10－03－2019《安全生产监督规定》； （4）Q/BJCE－217.17－26－2019《安全生产监督规定》	查分公司

序号	评价项目	标准分	查评方法及内容	评分标准	查评依据	适用范围
6.9.7	两措监督	30	（1）安全监督部门是否对"两措"的执行情况进行监督。 （2）是否及时向主管领导汇报存在的问题	（1）未对"两措"执行情况进行监督，不得分；由于监督不到位"两措"未按期完成，无原因延期，每次扣10分。 （2）未向主管领导汇报存在的问题，不得分	（1）《中华人民共和国安全生产法》； （2）Q/BEH－211.10－03—2019《安全生产监督规定》； （3）Q/BEH－211.10－02—2019《安全生产工作规定》； （4）Q/BJCE－217.17－01—2019《安全生产工作规定》	查分公司
6.9.8	监督检查职责	30	（1）安全生产监督人员是否依法履行监督检查职责。 （2）相关人员是否予以配合，是否拒绝、阻挠。 （3）工会是否依法组织员工参加本单位的安全生产民主监督和民主管理	（1）未进行监督检查，不得分；监督检查记录不完整，扣10分。 （2）有一例不予以配合或拒绝、阻挠，不得分。 （3）工会未组织员工参加本单位的安全生产民主监督和民主管理，不得分	（1）《中华人民共和国安全生产法》； （2）Q/BEH－211.10－03—2019《安全生产监督规定》； （3）Q/BJCE－217.17－01—2019《安全生产工作规定》	（1）、（2）查分公司和场站； （3）查分公司

6.10　风险预控与隐患排查治理

序号	评价项目	标准分	查评方法及内容	评分标准	查评依据	适用范围
6.10	风险预控与隐患排查治理	**145**				
6.10.1	风险预控	90				
6.10.1.1	基本要求	15	（1）是否建立风险预控规章制度或作业指导书。 （2）是否将安全风险预控相关培训内容纳入年度安全培训计划，分层次、分阶段组织员工进行安全培训。 （3）是否建立安全风险预控组织机构，是否明确分公司、部门、场站及岗位各个层级的重点安全风险	（1）未建立风险预控规章制度或作业指导书，不得分。 （2）未将安全风险预控相关培训内容纳入年度安全培训计划或组织员工进行安全培训，扣5分。 （3）未建立安全风险预控组织机构，扣5分；未明确分公司、部门、场站及岗位各个层级的重点安全风险，不得分	Q/BJCE－217.17－27—2019《安全风险预控管理规定》	查分公司

序号	评价项目	标准分	查评方法及内容	评分标准	查评依据	适用范围
6.10.1.2	风险辨识	15	（1）是否在生产作业开始前进行动态风险辨识。 （2）是否在作业环境、作业内容、作业人员发生改变，或工艺技术、设备设施等发生变更，或发生生产安全事故（包括未遂）/事件时，重新进行风险辨识。 （3）是否对所有辨识出的风险源进行分类登记。 （4）企业是否每年至少进行一次全面辨识	（1）未在生产作业开始前进行动态风险辨识，每次扣5分。 （2）未在作业环境、作业内容、作业人员发生改变，或工艺技术、设备设施等发生变更，或发生生产安全事故（包括未遂）/事件时，重新进行风险辨识，扣5分。 （3）未对所有辨识出的风险源进行分类登记，扣5分。 （4）企业每年未辨识，不得分；辨识不全面，扣5分	Q/BJCE－217.17－27—2019《安全风险预控管理规定》	查分公司和场站
6.10.1.3	风险评估	15	（1）是否对所有辨识出的危险源逐一进行风险评估。 （2）风险分析与评估结果是否形成记录或者报告归档	（1）未对所有辨识出的危险源逐一进行风险评估，每项扣5分。 （2）未形成记录或者报告归档，扣5分	Q/BJCE－217.17－27—2019《安全风险预控管理规定》	查分公司和场站
6.10.1.4	风险分级管控	15	（1）是否建立安全风险分级管控清单。 （2）是否确定不同风险的管控层级，风险管控原则和责任主体	（1）未建立安全风险分级管控清单，不得分。 （2）未确定不同风险管控的层级、原则和责任主体，扣5分	Q/BJCE－217.17－27—2019《安全风险预控管理规定》	查分公司和场站
6.10.1.5	风险告知	15	（1）是否在重点区域的醒目位置设置安全风险公告栏、制作岗位安全风险告知卡以标明作业场所和工作岗存在的主要安全风险。 （2）是否将设备设施、作业活动及工艺操作过程中存在的风险及应采取的措施通过培训方式告知各岗位人员及相关方	（1）未在重点区域的醒目位置设置安全风险公告栏、制作岗位安全风险告知卡，每处扣5分。 （2）未将设备设施、作业活动及工艺操作过程中存在的风险及应采取的措施通过培训方式告知各岗位人员及相关方，每次扣5分	Q/BJCE－217.17－27—2019《安全风险预控管理规定》	查场站
6.10.1.6	监测和预警	15	发现事故征兆或现象（发现或辨识较大风险源无控制措施、控制措施与实际不符等）时，是否立即发布预警信息并落实预防和应急处置措施	未立即发布预警信息或未落实预防和应急处置措施，不得分	Q/BJCE－217.17－27—2019《安全风险预控管理规定》	查分公司和场站

序号	评价项目	标准分	查评方法及内容	评分标准	查评依据	适用范围
6.10.2	隐患排查治理	55				
6.10.2.1	制度	15	（1）企业是否建立隐患排查治理制度，是否明确职责。 （2）是否界定隐患分类、分级标准，明确"排查、登记、定级、监控防范、整治、验收、核销"的流程形成闭环管理。 （3）企业是否建立事故隐患发现、上报、整改完成率、未按期完成整改项目的奖惩规定	（1）未建立隐患排查治理制度，不得分；未明确职责，扣 10 分；制度内容有缺失，扣 5 分。 （2）制度中未界定隐患分类，扣 2 分；未界定分级标准，扣 2 分；未明确"排查、登记、定级、监控防范、整治、验收、核销"的流程形成闭环管理，扣 5 分。 （3）未建立隐患排查治理奖惩规定，不得分	（1）Q/BEH-217.10-25 — 2019《事故隐患排查治理管理规定》； （2）Q/BJCE-217.17-13 — 2019《事故隐患排查治理管理规定》	查分公司
6.10.2.2	隐患排查	20	（1）企业是否每年至少开展一次隐患排查专项培训，提高隐患排查治理的能力。 （2）企业是否制定隐患排查计划、内容、要求，落实责任人，进行日查、安排定期检查、组织专项检查，开展隐患排查。 （3）场站是否建立隐患排查治理台账，是否对排查出的隐患进行定级，并将各类隐患及时登记入册（隐患排查治理信息记录表）。 （4）对排查出的重大隐患是否 3 日内上报上级单位	（1）未开展隐患排查专项培训，扣 10 分。 （2）未制定隐患排查计划和方案，不得分；隐患排查方案执行不到位，扣 5 分；隐患排查记录不完整，每次扣 3 分。 （3）未建立企业隐患排查台账，不得分；未对排查出的隐患分级分类管理，扣 5 分。 （4）对排查出的重大隐患未按规定上报，不得分	（1）Q/BEH-217.10-25 — 2019《事故隐患排查治理管理规定》； （2）Q/BJCE-217.17-13 — 2019《事故隐患排查治理管理规定》	（1）、（2）查分公司； （3）查场站； （4）查分公司和场站
6.10.2.3	隐患治理	20	（1）排查出的隐患是否及时进行整治。 （2）无法立即整治的，是否按照治理原则（定项目、方案、措施、资金、完成时间、应急预案、责任单位、责任人）制定治理方案。 （3）隐患消除前或治理过程中，是否采取有效的监控防范措施和安全措施。 （4）隐患治理完成后，是否依据有关规定对治理情况进行评估、验收	（1）未对排查出的隐患进行整改，不得分。 （2）无法立即整治的隐患未制定整改方案，每项扣 10 分；制定工作方案缺项，扣 5 分。 （3）消除前或治理过程中未采取有效的监控防范措施和安全措施，扣 10 分；治理过程未进行监督检查，扣 10 分。 （4）隐患治理完成，未按规定对治理情况进行评估、验收，每项扣 1 分，最高扣 5 分	（1）Q/BEH-217.10-25 — 2019《事故隐患排查治理管理规定》； （2）Q/BJCE-217.17-13 — 2019《事故隐患排查治理管理规定》	（1）、（3）、（4）查分公司和场站； （2）查场站

6.11 危险化学品、重大危险源监控

序号	评价项目	标准分	查评方法及内容	评分标准	查评依据	适用范围
6.11	**危险化学品、重大危险源监控**	**80**				
6.11.1	辨识与评估	30	（1）是否建立危险化学品、重大危险源安全管理规章制度，组织对所属场站的危险化学品经营、储存和使用装置、设施及场所进行重大危险源辨识。 （2）是否按国家安监总局令第 40 号《危险化学品重大危险源监督管理暂行规定》等规定，每三年开展重大危险源辨识与评估	（1）未制定危险化学品重大危险源安全相关管理制度，不得分。 （2）未组织开展危险化学品重大危险源辨识，不得分；未提出重大危险源自查评估报告，扣 10 分	（1）国家安监总局令第 40 号《危险化学品重大危险源监督管理暂行规定》； （2）GB 18218—2018《危险化学品重大危险源辨识》； （3）Q/BEH－217.10－05—2018《重大危险源安全监察管理规定》； （4）Q/BJCE－217.17－29—2019《重大危险源安全监察管理办法》	查分公司和场站
6.11.2	登记建档与备案	30	（1）具有重大危险源的企业是否按规定对重大危险源登记建档，并在现场进行标志，定期检查、检测。 （2）具有重大危险源的企业是否按照本单位危险化学品重大危险源的名称、地点、性质和可能造成的危害制定有关安全措施或应急救援预案报京能清洁能源公司及当地人民政府有关部门备案	（1）未对重大危险源登记建档，扣 10 分；未在现场设置明显的安全警示标志或标志内容不全面，扣 5 分；未定期检查、检测，扣 10 分。 （2）未对重大危险源制定安全措施和应急预案，每项扣 10 分。 （3）未将评估报告向京能清洁能源公司及当地政府有关部门备案，扣 10 分	（1）国家安监总局令第 40 号《危险化学品重大危险源监督管理暂行规定》； （2）GB 18218—2018《危险化学品重大危险源辨识》； （3）Q/BEH－217.10－05—2018《重大危险源安全监察管理规定》； （4）Q/BJCE－217.17－29—2019《重大危险源安全监察管理办法》	查分公司
6.11.3	监控与管理	20	（1）具有重大危险源的企业是否对其有效监控。 （2）企业是否加强重大危险源存储、使用、装卸、运输等过程管理。 （3）企业是否建立重大危险源安全操作规程，是否制定、落实有效的管理措施和技术措施	（1）未实现对重大危险源设施的监控，不得分；监控未实现全方位，有空白，扣 10 分。 （2）未落实对重大危险源存储、使用、装卸、运输等过程管理，扣 10 分。 （3）未制定完善的安全操作规程、管理措施、技术措施，每项扣 5 分。 （4）管理措施和技术措施未落实，每项扣 5 分	（1）国家安监总局令第 40 号《危险化学品重大危险源监督管理暂行规定》； （2）GB 18218—2018《危险化学品重大危险源辨识》； （3）Q/BEH－217.10－05—2018《重大危险源安全监察管理规定》； （4）Q/BJCE－217.17－29—2019《重大危险源安全监察管理办法》	查分公司

6.12　应急救援

序号	评价项目	标准分	查评方法及内容	评分标准	查评依据	适用范围
6.12	**应急救援**	**120**				
6.12.1	应急管理体系	30	（1）是否成立由主要负责人任总指挥的应急管理体系，明确以主要负责人对本单位生产安全事故应急工作全面负责的应急工作责任制。 （2）各场站是否建立以场站负责人为现场应急处置工作第一责任人的机制，在分公司统一领导下是否按照应急处置流程开展先期处置。 （3）是否履行应急管理体系相应的职责	（1）未建立应急管理体系，不得分；未建立由主要负责人任总指挥，扣10分；应急管理体系不健全，扣10分；责任制内容有缺失，每项扣5分。 （2）未建立了以场站负责人为现场应急处置工作第一责任人机制，不得分；职责不完善，扣10分；未及时开展先期处置，不得分。 （3）未履行职责，不得分；职责履行不到位，扣10分	（1）《中华人民共和国安全生产法》； （2）国务院令第708号《生产安全事故应急条例》； （3）GB/T 29639—2013《生产经营单位安全生产事故应急预案编制导则》； （4）Q/BEH－211.10－16—2019《安全生产应急管理办法》； （5）Q/BJCE－217.17－09—2019《安全生产应急管理规定》	（1）查分公司； （2）查场站； （3）查分公司和场站
6.12.2	应急保障	30	（1）是否落实通信与信息保障、应急救援队伍（组织、人员）、应急物资装备保障、经费保障等应急保障体系建设。 （2）场站是否建立应急物资、装备配备及其使用台账，并对应急物资、装备进行定期检测和维护，使其处于良好备用状态	（1）未落实应急保障体系，不得分；应急保障体系有缺失，每项扣5分。 （2）未建立应急物资、装备配备及其使用台账，扣10分；装配与台账不符，每项扣5分；未对应急物资、装备定期检测和维护，扣10分；应急物资、装备未处于良好备用状态，每项扣5分	（1）《中华人民共和国安全生产法》； （2）GB/T 29639—2013《生产经营单位生产安全事故应急预案编制导则》； （3）Q/BEH－211.10－16—2019《安全生产应急管理办法》； （4）Q/BJCE－217.17－09—2019《安全生产应急管理规定》	（1）查分公司和场站； （2）查场站
6.12.3	应急预案	30	（1）是否针对本单位可能发生的生产安全事故的特点和危害，进行风险辨识和评估，制定综合应急预案、专项应急预案和现场处置方案应急预案通论证、评审后是否由本单位主要负责人签署公布，并向本单位从业人员公布。 （2）是否明确规定应急指挥机构及职责、处置程序和措施等内容。 （3）是否建立应急值班制度或配备应急值班人员。 （4）应急救援预案是否每三年至少修订一次，是否将应急救援预案报送政府有关部门和所属上级备案	（1）综合应急预案、专项应急预案、现场处置方案不全面、不完善，扣10分；未经主要负责人签署公布，不得分；未向本单位从业人员公布，扣10分；从业人员未知晓，每人扣2分。 （2）未明确应急指挥机构、职责、处置程序和措施，每项扣5分。 （3）未建立值班制度，不得分；未配备应急值班人员，每项扣5分。 （4）应急救援预案未每三年至少修订一次，扣15分；未将应急预案报送备案，扣10分	（1）《中华人民共和国安全生产法》； （2）国务院令第708号《生产安全事故应急条例》； （3）GB/T 29639—2013《生产经营单位生产安全事故应急预案编制导则》； （4）Q/BEH－211.10－16—2019《安全生产应急管理办法》； （5）Q/BJCE－217.17－09—2019《安全生产应急管理规定》； （6）应急管理部令第2号《生产安全事故应急预案管理办法》	查分公司和场站

序号	评价项目	标准分	查评方法及内容	评分标准	查评依据	适用范围
6.12.4	培训和演练	30	（1）企业是否制订年度演练计划和三年滚动演练计划。 （2）是否对从业人员进行应急教育和培训。 （3）是否定期组织演练，是否对应急预案进行评估和改进，以提高应急救援能力	（1）未制订年度应急演练计划，不得分；未制订三年滚动演练计划，不得分。 （2）对从业人员进行应急教育和培训执行不到位，扣10分。 （3）未按计划组织应急救援演练，扣10分；未完成年度计划，每项扣5分；应急预案未进行评估，扣10分；应急演练暴露问题，未制定改进措施，且未闭环管理，每项扣5分	（1）《中华人民共和国安全生产法》； （2）国务院令第708号《生产安全事故应急条例》； （3）电监安全〔2009〕61号《电力企业应急管理办法》； （4）Q/BEH－211.10－16—2019《安全生产应急管理办法》	（1）查分公司； （2）、（3）查场站

6.13 事件调查处理

序号	评价项目	标准分	查评方法及内容	评分标准	查评依据	适用范围
6.13	**事件调查处理**	**150**				
6.13.1	制度建设	15	（1）是否建立相关不安全事件调查处理的制度。 （2）是否明确部门、岗位等职责和管理流程	（1）未编制不安全事件调查处理的制度，不得分；制度内容有缺失，扣5分。 （2）未明确职责，扣4分；职责不完善，扣2分；未明确管理流程，扣4分；管理流程有缺失，扣2分	（1）Q/BEH－211.10－11—2019《事故调查管理规定》； （2）Q/BJCE－217.17－11—2019《事故（事件）调查管理规定》	查分公司
6.13.2	事件上报	30	（1）发生事件后，各级领导及事件现场有关人员是否及时、如实按规定上报。 （2）是否故意破坏事件现场，隐瞒或销毁有关证据	（1）未及时上报，扣10分。 （2）未如实上报、隐瞒不报、故意破坏现场、毁灭证据，不得分	（1）《中华人民共和国安全生产法》； （2）国务院令第599号《电力安全事故应急处置和调查处理条例》； （3）Q/BEH－211.10－11—2019《事故调查管理规定》； （4）Q/BJCE－217.17－11—2019《事故（事件）调查管理规定》	查分公司和场站
6.13.3	事件资料收集	15	（1）发生事件后，事发场站是否立即对事件现场和损坏的设备进行照相、录像，根据需要绘制草图、收集资料。 （2）企业是否按规定整理上报、归档	（1）事件现场资料收集有重要疏漏、不完整，不得分。 （2）资料未整理，扣5分；未归档，扣5分	（1）《中华人民共和国安全生产法》； （2）国务院令第599号《电力安全事故应急处置和调查处理条例》； （3）Q/BEH－211.10－11—2019《事故调查管理规定》； （4）Q/BJCE－217.17－11—2019《事故（事件）调查管理规定》	查分公司和场站

序号	评价项目	标准分	查评方法及内容	评分标准	查评依据	适用范围
6.13.4	事件报告	30	（1）发生不安全事件后，有关领导及专业技术人员是否积极参与或配合事故调查、分析工作，并提出技术原因分析和改进措施。 （2）是否按要求填写报告	（1）有关领导及专业人员未参与或配合事故调查，扣 10 分；未提出技术原因分析和改进措施，扣 10 分。 （2）未按要求填写事件报告，不得分	（1）《中华人民共和国安全生产法》； （2）国务院令第 599 号《电力安全事故应急处置和调查处理条例》； （3）Q/BEH－211.10－11—2019《事故调查管理规定》； （4）Q/BJCE－217.17－11—2019《事故（事件）调查管理规定》	查分公司和场站
6.13.5	记录建档	30	（1）发生事故、一类障碍及人身未遂后是否按照规定建立发生事件后的处理、汇报、原始记录的填写、事故现场的保护、事故时记录表纸的保存是否有明确的管理规定。 （2）相关档案是否齐全	（1）无相关管理规定，不得分。 （2）档案建立不齐全、不完善，扣 10 分	（1）《中华人民共和国安全生产法》； （2）国务院令第 599 号《电力安全事故应急处置和调查处理条例》； （3）Q/BEH－211.10－11—2019《事故调查管理规定》； （4）Q/BJCE－217.17－11—2019《事故（事件）调查管理规定》	查分公司和场站
6.13.6	总结提高	30	发生不安全事件是否坚持"四不放过"的原则	评价期内频发原因不明的事件或同一原因重复发生的事件，不得分	（1）《中华人民共和国安全生产法》； （2）国务院令第 599 号《电力安全事故应急处置和调查处理条例》； （3）Q/BEH－211.10－11—2019《事故调查管理规定》； （4）Q/BJCE－217.17－11—2019《事故（事件）调查管理规定》	查分公司和场站

6.14　安全考核与奖惩

序号	评价项目	标准分	查评方法及内容	评分标准	查评依据	适用范围
6.14	**安全考核与奖惩**	**45**				
6.14.1	制度建设	30	（1）企业是否建立安全生产工作奖惩制度。 （2）是否认真贯彻执行相关奖惩制度	（1）未建立安全生产工作奖惩制度，不得分；奖惩制度内容不完善，扣 10 分。 （2）未执行奖惩制度，每项扣 5 分	（1）《中华人民共和国安全生产法》； （2）Q/BEH－211.10－17—2019《安全生产工作奖惩办法》； （3）Q/BJCE－217.17－41—2019《安全生产工作奖惩办法》	（1）查分公司； （2）查分公司和场站

序号	评价项目	标准分	查评方法及内容	评分标准	查评依据	适用范围
6.14.2	安全生产奖惩	15	（1）是否设立安全生产奖项，如安全长周期奖、安全生产特殊贡献奖、安全生产目标奖等。 （2）是否对事故、障碍、异常等不安全事件的责任人明确考核标准	（1）未设立安全生产奖项，不得分。 （2）未对不安全事件的责任人明确考核标准，不得分；考核内容不全面，每项扣5分	（1）《中华人民共和国安全生产法》； （2）Q/BEH－211.10－17－2019《安全生产工作奖惩办法》； （3）Q/BJCE－217.17－41－2019《安全生产工作奖惩办法》	（1）查分公司； （2）查分公司和场站

6.15 企业安全文化建设

序号	评价项目	标准分	查评方法及内容	评分标准	查评依据	适用范围
6.15	企业安全文化建设	**190**				
6.15.1	推进与保障	15	（1）企业是否制定安全文化建设中长期规划。 （2）是否制定相关制度，是否建立组织机构、职责和流程等。 （3）企业是否开展安全生产标准化工作	（1）未制定安全文化建设中长期规划，不得分。 （2）未制定相关制度，不得分；内容中未建立组织机构、职责和流程，每项扣5分。 （3）未开展安全生产标准化工作，扣5分	（1）AQ/T 9004—2008《企业安全文化建设导则》； （2）Q/EBH－211.10－02－2019《安全生产工作规定》； （3）Q/BJCE－217.17－01－2019《安全生产工作规定》； （4）Q/BJCE－217.17－48－2019《安全文化建设管理规定》	（1）查分公司； （2）查分公司和场站
6.15.2	安全承诺	30	（1）是否制定切合企业特点和实际情况的安全承诺（包括安全价值观、安全愿景、安全使命和安全目标），并以书面形式发布。 （2）安全承诺是否由企业主要负责人主持制定和签发。 （3）企业安全承诺内容是否被员工和相关方充分理解和接受，各岗位是否结合工作任务制定与企业安全承诺相统一的岗位安全承诺	（1）未制定安全承诺，不得分；安全承诺有缺失，每项扣5分。 （2）企业主要负责人未主持制定安全承诺，扣10分；安全承诺未签发，扣5分。 （3）员工和相关方未知晓企业安全承诺内容，扣5分；各岗位未结合工作任务制定与企业安全承诺相统一的岗位安全承诺，扣5分	（1）AQ/T 9004—2008《企业安全文化建设导则》； （2）Q/EBH－211.10－02－2019《安全生产工作规定》； （3）Q/BJCE－217.17－01－2019《安全生产工作规定》	（1）、（3）查分公司和场站； （2）查分公司
6.15.3	行为规范与程序	30	（1）员工是否了解企业下发的现行有效的规章制度。 （2）是否了解生产工作中存在的风险。 （3）是否能按照制度掌握行为规范	（1）未了解企业下发的现行有效的规章制度，扣2分。 （2）未了解生产工作中存在的风险，扣5分。 （3）未按制度掌握行为规范，每次扣5分	（1）AQ/T 9004—2008《企业安全文化建设导则》； （2）Q/EBH－211.10－02－2019《安全生产工作规定》； （3）Q/BJCE－217.17－01－2019《安全生产工作规定》	查分公司和场站

序号	评价项目	标准分	查评方法及内容	评分标准	查评依据	适用范围
6.15.4	安全引导与激励	20	（1）是否建立安全生产目标考核奖惩制度和覆盖所有员工安全行为激励机制，安全绩效与工作业绩是否相结合并及时兑现。 （2）对员工上报发现或认识到潜在的不安全因素，能否及时处理和反馈。 （3）是否树立安全榜样或典型，发挥安全行为和安全态度的示范作用	（1）未建立安全生产目标考核奖惩制度，不得分；未及时兑现，每次扣10分。 （2）对不安全因素未及时处理和反馈，每次扣5分。 （3）未发挥安全榜样或典型示范作用，扣5分	（1）AQ/T 9004—2008《企业安全文化建设导则》； （2）Q/EBH–211.10–02—2019《安全生产工作规定》； （3）Q/BJCE–217.17–01—2019《安全生产工作规定》； （4）Q/BJCE–217.17–41—2019《安全生产工作奖惩办法》	（1）、（3）查分公司； （2）查分公司和场站
6.15.5	安全信息传播与沟通	20	（1）是否建立安全信息传播系统，是否利用各种传播途径和方式提高传播效果。 （2）是否优化安全信息的传播内容，是否组织有关安全经验、实践和概念作为传播内容的组成部分。 （3）企业是否就安全事项建立良好的沟通程序，是否确保企业与政府监管机构和相关方、各级管理者与员工、员工相互之间的沟通	（1）未建立安全信息传播系统，不得分；未利用各种传播途径和方式，提高传播效果，每项扣5分。 （2）未优化安全信息的传播内容，扣5分；未组织有关安全经验、实践和概念作为传播内容的组成部分，每项扣5分。 （3）未建立良好的沟通程序，扣5分；未确保企业与政府监管机构和相关方沟通，扣10分；未确保各级管理者与员工、员工相互之间的沟通，各扣5分	（1）AQ/T 9004—2008《企业安全文化建设导则》； （2）Q/EBH–211.10–02—2019《安全生产工作规定》； （3）Q/BJCE–217.17–01—2019《安全生产工作规定》	查分公司和场站
6.15.6	自主学习和改进	30	（1）企业是否建立有效的安全学习模式，实现动态发展的安全学习过程，保证安全绩效持续改进。 （2）企业是否建立岗位适任资格评估标准和培训内容，保证员工具有岗位适任要求的初始条件。 （3）企业对发生的不安全事件，是否吸取经验教训，并改进行为规范和程序，使员工知晓。 （4）企业是否鼓励员工对安全问题予以关注，进行团队协作，利用既有知识和能力，辨识和分析可供改进的机会，对改进措施提出建议	（1）未建立有效的安全学习模式，保证安全绩效持续改进，扣5分。 （2）未建立岗位适任资格评估标准或未制定培训内容，扣10分。 （3）未对发生的不安全事件吸取经验教训，并改进行为和程序使员工知晓，扣10分。 （4）未建立鼓励员工对安全问题，提供改进机会，对改进措施提出建议，扣10分	（1）AQ/T 9004—2008《企业安全文化建设导则》； （2）Q/EBH–211.10–02—2019《安全生产工作规定》； （3）Q/BJCE–217.17–01—2019《安全生产工作规定》	查分公司

序号	评价项目	标准分	查评方法及内容	评分标准	查评依据	适用范围
6.15.7	安全事务参与	30	（1）安全规划、安全计划和规章制度的制定是否均有员工参与。 （2）是否积极开展合理化建议等活动，合理化建议是否及时处理并反馈给员工。 （3）员工反映问题渠道是否畅通。 （4）是否对安全事务报告和建议者进行表彰奖励	（1）员工未参与安全规划、安全计划和规章制度的制定，扣5分。 （2）未开展合理化建议活动，扣10分；合理化建议未及时处理并反馈给员工，扣5分。 （3）员工反映问题渠道不畅通，扣10分。 （4）未进行表彰，每项扣5分	（1）AQ/T 9004—2008《企业安全文化建设导则》； （2）Q/EBH－211.10－02—2019《安全生产工作规定》； （3）Q/BJCE－217.17－01—2019《安全生产工作规定》	查分公司
6.15.8	审评与评估	15	（1）企业对自身安全文化建设情况是否进行定期的全面审核。 （2）在安全文化建设过程中及时审核，是否采用有效的安全文化评估方法，关注安全绩效下滑的前兆，给予及时的控制和改进	（1）未进行定期的全面审核，不得分。 （2）未采用有效的安全文化评估方法，扣5分；未关注安全绩效下滑的前兆，给予及时的控制和改进，不得分	（1）AQ/T 9004—2008《企业安全文化建设导则》； （2）Q/EBH－211.10－02—2019《安全生产工作规定》； （3）Q/BJCE－217.17－01—2019《安全生产工作规定》	查分公司

附录 A 风力发电企业安全性评价检查表

风力发电企业安全性评价检查表（第 01 号）

电气安全用具安全性评价检查表

评　价　标　准	评　价　结　果
不符合下列条件之一者，评价为不合格： 1. 属于经过电力安全工器具质量监督检验检测中心试验鉴定合格的产品。 2. 有统一、清晰的编号。 3. 有试验合格标签和试验记录，未超过有效期使用。 4. 绝缘部分的表面无裂纹、破损或污渍。 5. 绝缘手套卷曲充气检查不漏气，无机械损伤。 6. 携带型短路接地线导线、线卡及导线护套符合标准要求，固定螺栓无松动现象。 7. 携带型短路接地线的编号应明显，并注明适用的电压等级。 8. 携带型短路接地线的保管应对号入座。 9. 现场放置的工器具中不应有报废品。 10. 验电器的自检功能正常	① 查评总件数： ② 抽样件数： ③ 不合格件数： ④ 不合格率： 发现的主要问题：
	检查负责人： 检查日期：　　　　年　　月　　日

风力发电企业安全性评价检查表（第 02 号）

手持电动工具安全性评价检查表

评 价 标 准	评 价 结 果
不符合下列条件之一者，评价为不合格： 1. 有统一、清晰的编号。 2. 电动工具的防护罩、防护盖及手柄应完好，无松动。 3. 电源线使用多股铜芯橡皮护套软电缆或护套软线，无接头及破损。 Ⅰ类工具：单相的采用三芯电缆，三相的采用五芯电缆。 4. 保护接地（零）连接正确（使用绿/黄双色或黑色线芯）、牢固可靠。 5. 电缆线完好无破损。 6. 插头符合安全要求，完好无破损。 7. 开关动作正常、灵活、无破损。 8. 机械防护装置良好。 9. 转动部分灵活可靠。 10. 连接部分牢固可靠。 11. 抛光机等转速标志明显或对使用的砂轮要求清楚、明显。 12. 绝缘电阻符合要求，有定期测量记录，未超期使用。 每半年测量一次绝缘电阻： Ⅰ类工具大于 2MΩ； Ⅱ类工具大于 7MΩ； Ⅲ类工具大于 1MΩ。 13. 必须按作业环境的要求，选用手持电动工具。使用Ⅰ类手持电动工具应配用剩余电流保护装置，PE 线连接可靠	① 查评总件数： ② 抽样件数： ③ 不合格件数： ④ 不合格率： 发现的主要问题： 检查负责人： 检查日期：　　　年　　月　　日

风力发电企业安全性评价检查表（第 03 号）

移动式电动机具安全性评价检查表

评 价 标 准	评 价 结 果
不符合下列条件之一者，评价为不合格： 1. 有统一、清晰的编号。 2. 电气部分绝缘电阻符合要求，有定期测量记录，未超期使用（额定电压 1000V 以上的机具，应使用 1000V 绝缘电阻表）。 3. 电源线使用多股铜芯橡皮护套电缆或护套软线，且单相设备采用三芯电缆，三相设备使用四芯电缆。 4. 软电缆或软线完好、无破损。 5. 保护接地（零）线连接正确、牢固。 6. 开关动作正常、灵活、无破损。 7. 机械防护装置完好。 8. 外壳、手柄无裂缝、无破损	① 查评总件数： ② 抽样件数： ③ 不合格件数： ④ 不合格率： 发现的主要问题：
	检查负责人： 检查日期： 年 月 日

风力发电企业安全性评价检查表（第 04 号）

动力、照明配电箱安全性评价检查表

评　价　标　准	评　价　结　果
不符合下列条件之一者，评价为不合格： 1. 内部器件安装及配线工艺符合安全要求。 2. 各路配线负荷标志清晰，断路器的遮断容量符合安全要求。 3. 保护接地（零）系统连接符合安全要求。 4. 箱体应接入接地网，单独接地的接地电阻应不大于 4Ω。 5. 引进、引出电缆孔洞封堵严密，且不应存在缺口与电缆接触。 6. 箱门完好，内部无杂物，并能可靠关闭。 7. 室外电源箱防雨设施良好。 8. 箱（柜、板）内装有插座接线正确，并配有剩余电流动作保护器，剩余电流动作保护器安装正确、可靠。 9. 中性线、相线接线端子标志清楚。 10. 开关外壳、消弧罩齐全。 11. 不得将临时线接在开关上口。 12. 各种电器元件及线路接触良好，连接可靠，无严重发热、烧损现象。 13. 外露带电部分屏蔽保护完好	① 查评总件数： ② 抽样件数： ③ 不合格件数： ④ 不合格率： 发现的主要问题： 检查负责人： 检查日期：　　　年　　月　　日

风力发电企业安全性评价检查表（第 05 号）

低压临时电源线路安全性评价检查表

评 价 标 准	评 价 结 果
不符合下列条件之一者，评价为不合格： 1. 申报、审批手续完备，不超过使用期限。 2. 接临时电源时，应根据负载容量及负载工作性质配置熔丝容量。 3. 临时电源应安装剩余电流动作保护器，剩余电流动作保护器动作正常，严禁短接剩余电流动作保护器。 4. 装设临时用电线路必须采用护套软线，而且要求其截面应能满足负荷要求。 5. 导线敷设符合规程要求，使用绝缘导线室内架空高度大于 2.5m，室外大于 4m，跨越道路大于 6m（指最大弧垂）。临时线与其他设备、门、窗、水管等的距离应大于 0.3m；沿地面敷设应有防止线路受外力损坏的保护措施。 6. 开关、保护设备符合要求。 7. 严禁在有爆炸和火灾危险场所架设临时线。 8. 严禁将导线缠绕在护栏、管道及脚手架上，或不加绝缘子捆绑在护栏、管道及脚手架上	① 查评总件数： ② 抽样件数： ③ 不合格件数： ④ 不合格率： 发现的主要问题： 检查负责人： 检查日期：　　　　年　　月　　日

风力发电企业安全性评价检查表（第 06 号）

安全带安全性评价检查表

评　价　标　准	评　价　结　果
不符合下列条件之一者，评价为不合格： 1. 组件完整，无短缺，无破损。 2. 绳索、编织带无脆裂、断股或扭结。 3. 皮革配件完好、无伤残。 4. 金属配件无裂纹、焊接无缺陷、无严重锈蚀。 5. 挂钩的钩舌咬口平整不错位，保险装置完整可靠。 6. 活梁卡子的活梁灵活，表面滚花良好，与边框间距符合要求。 7. 铆钉无明显偏位，表面平整。 8. 定期检查合格，有记录，未超期使用。 9. 是按照国家标准制造的产品，有明确的报废周期。 10. 配备的防坠器应制动可靠	① 查评总件数： ② 抽样件数： ③ 不合格件数： ④ 不合格率： 发现的主要问题： 检查负责人： 检查日期：　　　年　　月　　日

风力发电企业安全性评价检查表（第07号）

座板式单人吊具安全性评价检查表

评　价　标　准	评　价　结　果
不符合下列条件之一者，评价为不合格： 1. 踏脚板或吊板木质无腐蚀、劈裂等。 2. 工作绳索、柔性导轨、安全短绳是否磨损、腐蚀、断股、松散。 3. 绳索同踏（吊）板固定牢固。 4. 金属组件无损伤及变形。 5. 定期检查并有记录，未超期使用。 6. 自锁器动作是否灵活可靠。 7. 挂点位置是否牢固可靠。 8. 建筑物凸缘或转角处是否衬垫	① 查评总件数： ② 抽样件数： ③ 不合格件数： ④ 不合格率： 发现的主要问题： 检查负责人： 检查日期：　　　　年　　月　　日

风力发电企业安全性评价检查表（第 08 号）

脚手架安全性评价检查表

评　价　标　准	评　价　结　果
不符合下列条件之一者，评价为不合格： 1. 脚手架（含依靠的支持物）整体固定牢固，无倾倒、塌落危险。严禁用管道或护栏作支撑物。 2. 脚手架上不得有单板、浮板、探头板。 3. 组件合格。 4. 脚手架工作面的外侧应设 1.2m 高的栏杆并在其下部加设 18cm 高的护板。 5. 附近有电气线路及设备时，应符合《安规》的安全距离，并采取可靠的防护措施。 6. 脚手架上不能乱拉电线，木竹脚手架应加绝缘子，金属管脚手架应另设木横担。 7. 施工脚手架上如堆放材料，其质量不应超过计算载重。 8. 设有工作人员上下的梯子。 9. 用起重装置起吊重物时，不准把起重装置同脚手架的结构相连接。 10. 悬吊式脚手架应符合《安规》的特殊规定。 11. 大型脚手架应有专门设计，并经单位主管生产的领导（总工程师）批准。 12. 作业层面脚手板满铺且固定牢固。 13. 有分级验收合格的书面材料，验收合格脚手架现场悬挂合格标志，未经验收的脚手架不准使用	① 查评总件数： ② 抽样件数： ③ 不合格件数： ④ 不合格率： 发现的主要问题： 检查负责人： 检查日期：　　　年　　月　　日

风力发电企业安全性评价检查表（第 09 号）

脚手架组件及安全网安全性评价检查表

评 价 标 准	评 价 结 果
不符合下列条件之一者，评价为不合格： 一、脚手架组件 1. 木、竹制构件无腐蚀、无折裂、无枯节，无严重的化学或机械损伤。 2. 金属组件无裂纹、无严重锈蚀、无严重变形，螺纹部分完好。 3. 木、竹制脚手板厚度不小于 4cm（斜道板及跳板为 5cm），竹脚手板组装牢固。 4. 金属管不得弯曲、压扁或者有裂缝。 5. 有脚手架搭设工作领导人出具的书面证明方可使用。 二、安全网 1. 由取得生产许可证书的厂家生产，并有生产许可证书复印件和产品合格证。 2. 安全网外观应平整、结构应完好；网绳、边绳、筋绳无断股、散股及严重磨损，连接部分牢固；网体无严重变形。 3. 平网宽度不得小于 3m，立网宽（高）度不得小于 1.2m，网目边长不大于 8cm。 4. 安全网所有节点应固定，固定方式应符合要求。 5. 钢架上的安全网应架高，安全网底部和梁的缓冲距离应小于 1m。 6. 试验绳按规定进行试验合格，不超期使用	① 查评总件数： ② 抽样件数： ③ 不合格件数： ④ 不合格率： 发现的主要问题： 检查负责人： 检查日期：　　　年　　月　　日

风力发电企业安全性评价检查表（第10号）

移动梯台（含梯子、高凳）安全性评价检查表

评 价 标 准	评 价 结 果
不符合下列条件之一者，评价为不合格： 一、梯子、高凳 1. 有统一、清晰的编号。 2. 定期检查合格，有记录。 3. 木、竹制构件连接牢固无腐蚀、无变形。 4. 金属组件无严重锈蚀，无严重变形，连接牢固可靠（禁止使用钉子）。 5. 防滑装置（金属尖角、橡胶套）齐全可靠。 6. 梯阶的距离不应大于40cm。 7. 人字梯铰链牢固，限制开度拉链齐全。 二、移动式（车式）平台 1. 有统一、清晰的编号，准许荷重标志醒目。 2. 平台四周有护栏，高度为1.2m。 3. 升降机构牢固完好，升降灵活。 4. 电气部分绝缘电阻合格，采取了可靠的防止漏电保护。 5. 液压操动机构完好，无缺陷。 6. 对电气及机械部分定期检查，有检查记录，缺陷能够及时消除。 7. 在检查周期内使用	① 查评总件数： ② 抽样件数： ③ 不合格件数： ④ 不合格率： 发现的主要问题： 检查负责人： 检查日期： 年 月 日

149

风力发电企业安全性评价检查表（第 11 号）

桥式、门式起重机安全性评价检查表

评 价 标 准	评 价 结 果
不符合下列条件之一者，评价为不合格： 1. 各种应有的保险装置、闭锁装置功能正常，不得随意解除。 2. 刹车及控制系统灵活可靠。 3. 转动部分及易发生挤绞伤部分防护罩（遮栏）完整、牢固。 4. 车轮踏面和轮缘无明显的磨损和伤痕。 5. 轨道终端的行程开关和缓冲器完好。 6. 室外设备应有可靠的防风措施。 7. 电气设备金属外壳及金属结构应有可靠的接地（零）。 8. 电气设备保护装置及开关设备完好。 9. 司机室装有空调，空调功率满足需要。 10. 司机室铺有绝缘垫，配有灭火器。 11. 警铃完好、有效。 12. 照明良好。 13. 室外设备的电气装置有防雨设施。电气装置定期经专业检测部门检验合格，记录及资料齐全，在检验周期内使用	① 查评总件数： ② 抽样件数： ③ 不合格件数： ④ 不合格率： 发现的主要问题： 检查负责人： 检查日期： 年 月 日

风力发电企业安全性评价检查表（第 12 号）

流动式（自行式）起重机安全性评价检查表

评　价　标　准	评　价　结　果
不符合下列条件之一者，评价为不合格： 1. 各种应有的保护装置、闭锁装置功能正常，不得随意解除。 2. 刹车及控制系统灵活可靠。 3. 转动部分及易发生挤绞伤部分防护罩（遮栏）完整、牢固。 4. 电气设备金属外壳及金属结构应有可靠的接地（零）。 5. 电气设备保护装置及开关设备完好。 6. 悬臂起重的起重特性曲线表应准确清晰。 7. 液压系统无严重渗漏。 8. 定期经专业检测部门检验合格，记录及资料齐全，在检验周期内使用	① 查评总件数： ② 抽样件数： ③ 不合格件数： ④ 不合格率： 发现的主要问题： 检查负责人： 检查日期：　　　年　　月　　日

风力发电企业安全性评价检查表（第13号）

起重机械吊钩安全性评价检查表

评 价 标 准	评 价 结 果
不符合下列条件之一者，评价为不合格： 1. 吊钩不得有裂纹。 2. 危险断面磨损不超过原高度的10%。 3. 扭转变形不得超过10°。 4. 危险断面及吊钩颈部不得产生塑性变形。 5. 片式吊钩的衬套、销子（心轴）、小孔、耳环以及其他坚固件无严重磨损，表面不得有裂纹和变形。衬套磨损不超过50%，销子磨损不得超过名义直径的3%～5%。 6. 吊钩不得补焊、钻孔。 7. 吊钩上应装有防脱钩装置	① 查评总件数： ② 抽样件数： ③ 不合格件数： ④ 不合格率： 发现的主要问题：
	检查负责人： 检查日期： 年 月 日

风力发电企业安全性评价检查表（第 14 号）

起重机械钢丝绳安全性评价检查表

评 价 标 准	评 价 结 果
不符合下列条件之一者，评价为不合格： 一、钢丝绳 1. 钢丝绳无扭结、无灼伤或明显的散股，无严重磨损、锈蚀，无断股，断丝数不超过标准要求。 2. 润滑良好。 3. 定期检查和进行静拉力试验。 4. 使用中的钢丝绳禁止与电焊机的导线或其他电线相接触。 5. 通过滑轮或卷筒的钢丝绳不得有接头。 二、钢丝绳索具、钢丝绳连接、绳端固定 1. 采用编结的方法连接时，编结长度符合规程规定，双头绳索结合段不应小于钢丝绳直径的 20 倍，最短不应小于 30cm，并试验合格。 2. 用卡子固定的钢丝绳（绳端），卡子数符合规程规定，并不得少于 3 个，卡子应同侧布置，压板应压在长绳侧。 3. 电动葫芦若采用双钢丝绳起吊，固定在卷筒护套上的一端；采用楔铁固定时，应使用生产厂家专用楔铁。 4. 在各式起重机卷筒上固定的钢丝绳，当吊钩在最低位置时，卷筒上最少应有 5 圈。 5. 安装有合格的超重限制器，超重限制器符合 GB 12602—2020《起重机械超载保护装置》的规定	① 查评总件数： ② 抽样件数： ③ 不合格件数： ④ 不合格率： 发现的主要问题： 检查负责人： 检查日期：　　　　年　　月　　日

153

风力发电企业安全性评价检查表（第 15 号）

起重机械滑轮及卷筒安全性评价检查表

评　价　标　准	评　价　结　果
不符合下列条件之一者，评价为不合格： 一、滑轮及滑轮组 1. 轮缘不得有裂纹，无严重磨损。 2. 滑轮直径与钢丝绳直径匹配。 3. 滑轮组轴不得弯曲、变形。 4. 轮槽直径应为绳径的 1.07～1.1 倍。 5. 轮槽平整不得有磨损钢丝绳的缺陷。 6. 应有防止钢丝绳跳出轮槽的装置。 7. 铸造滑轮轮槽不均匀磨损不得超过 3mm。 8. 铸造滑轮轮槽壁厚磨损不得超过原壁厚的 20%。 9. 铸造滑轮轮槽底部直径减少量不得超过钢丝绳直径的 50%。 二、卷筒 1. 卷筒的直径应不小于钢丝绳直径的 20 倍。 2. 卷筒的固定不得随意改动。 3. 卷筒不得有裂纹。 4. 筒壁厚度磨损不得超过原壁厚的 20%	① 查评总件数： ② 抽样件数： ③ 不合格件数： ④ 不合格率： 发现的主要问题： 检查负责人： 检查日期：　　　　年　　月　　日

风力发电企业安全性评价检查表（第 16 号）

各式电动葫芦、电动卷扬机、垂直升降机安全性评价检查表

评 价 标 准	评 价 结 果
不符合下列条件之一者，评价为不合格： 1. 有统一、清晰的编号。 2. 起升限位器动作灵敏可靠，上极限位置与卷筒距离不小于 50cm。 3. 制动器及控制系统功能可靠，动作灵敏。 4. 按钮联锁装置功能可靠（即同时按相反按钮，按钮失效）。 5. 轨道上的止挡器完好。 6. 车轮踏面和轮缘无明显的磨损痕迹。 7. 电气设备系统绝缘电阻不小于 0.5MΩ，有定期测量记录，未超期使用。 8. 电气设备有可靠的保护接地（零）。 9. 卷扬机固定牢固，钢丝绳与其他物体无明显摩擦痕迹。 10. 电动葫芦的盘绳器齐全、有效。 11. 额定起重负荷标志清晰。 12. 定期机械检验合格，记录齐全，未超期使用。 13. 安装有合格的超重量限制器	① 查评总件数： ② 抽样件数： ③ 不合格件数： ④ 不合格率： 发现的主要问题：

检查负责人：
检查日期：　　　年　　月　　日

风力发电企业安全性评价检查表（第17号）

手动小型起重设备安全性评价检查表

评 价 标 准	评 价 结 果
不符合下列条件之一者，评价为不合格： 一、各类工具 1. 有统一、清晰的编号。 2. 定期检验合格，有记录，未超期使用。 二、各式千斤顶 1. 千斤顶底座平整、坚固、完整。 2. 螺纹、齿条及其承力部件无明显磨损或裂纹等缺陷。 三、手动葫芦（倒链） 1. 铭牌上制造厂家、制造年月清楚，额定负荷标志清晰。 2. 无负荷上升运转时有棘爪声，下降时制动正常。 3. 吊钩无裂纹、无明显变形或损伤，原有的防脱钩卡子完好。 4. 环链无裂纹、无明显变形、无节距伸长或直径磨损。 四、手动卷扬机和绞磨 1. 制动和逆止安全装置功能正常，部件无明显损伤。 2. 架构及连接部分牢固，无严重缺陷。 五、液压工具 1. 液压缸部分不应有渗漏。 2. 使用人员熟悉工具性能，有防止因用力过大造成设备损坏、伤人的措施	① 查评总件数： ② 抽样件数： ③ 不合格件数： ④ 不合格率： 发现的主要问题： 检查负责人： 检查日期：　　　　年　　月　　日

风力发电企业安全性评价检查表（第18号）

交、直流电焊机安全性评价检查表

评 价 标 准	评 价 结 果
不符合下列条件之一者，评价为不合格： 1. 有统一、清晰的编号。 2. 电源线，电焊机一、二次线，电焊机接线端子有屏蔽罩。 3. 电焊机金属外壳有可靠的保护接地（零）。 4. 焊接变压器一、二次绕组之间、绕组与外壳之间绝缘良好，绝缘电阻不小于1MΩ，有检验记录，未超期使用。 5. 一次线长度不超过2m，二次线接头不超过3个，接头部分用绝缘材料包好，导线的金属部分不得裸露	① 查评总件数： ② 抽样件数： ③ 不合格件数： ④ 不合格率： 发现的主要问题：
	检查负责人： 检查日期：　　　年　　月　　日

风力发电企业安全性评价检查表（第19号）

钻床安全性评价检查表

评　价　标　准	评　价　结　果
不符合下列条件之一者，评价为不合格： 1. 防护罩完整、可靠。 2. 卡头无缺陷。 3. 电动机外壳保护接地和接零均良好。 4. 备有清除切屑的专用工具。 5. 采用安全电压照明灯具。 6. 设备上或附近有安全操作规定	① 查评总件数： ② 抽样件数： ③ 不合格件数： ④ 不合格率： 发现的主要问题：

检查负责人：

检查日期：　　　　年　　月　　日

风力发电企业安全性评价检查表（第 20 号）

砂轮机安全性评价检查表

评　价　标　准	评　价　结　果
不符合下列条件之一者，评价为不合格： 1. 砂轮无裂纹。 2. 法兰盘直径大于砂轮机直径的 1/3，并有软垫。 3. 砂轮运行时无明显的跳动。 4. 托架牢固可靠，不超过砂轮轴水平中心线，与砂轮最大间隙不超过 3mm。 5. 防护罩安装牢固，最大开口不超过 90°，其中轮轴水平中心线以上不超过 65°。 6. 电动机外壳保护接地（零）良好。 7. 挡屑板完好。 8. 设备上或附近有明显、准确的安全操作规定	① 查评总件数： ② 抽样件数： ③ 不合格件数： ④ 不合格率：
	发现的主要问题：
	检查负责人： 检查日期：　　　年　　月　　日

159

风力发电企业安全性评价检查表（第 21 号）

冲、剪、压机械安全性评价检查表

评　价　标　准	评　价　结　果
不符合下列条件之一者，评价为不合格： 1. 离合器动作灵活、可靠，无连冲。 2. 制动器灵活可靠。 3. 紧急停止按钮灵敏可靠。 4. 外露转动部分防护罩齐全、可靠。 5. 操作脚踏板外露部分的上部及两侧有防护罩。 6. 踏脚板有防滑装置。 7. 各种安全防护装置及安全保护控制装置可靠有效。 8. 电动机外壳保护接地（零）良好。 9. 设备上或附近有明显的安全操作要求	① 查评总件数： ② 抽样件数： ③ 不合格件数： ④ 不合格率： 发现的主要问题： 检查负责人： 检查日期：　　　　　　年　　月　　日

风力发电企业安全性评价检查表（第 22 号）

金属切削机床安全性评价检查表

评 价 标 准	评 价 结 果
不符合下列条件之一者，评价为不合格： 1. 防护（栏、盖等）完好、可靠。 2. 防夹具脱落装置完好。 3. 备有清除切屑的专用工具。 4. 限位、联锁、操作手柄灵敏可靠。 5. 照明灯采用安全电压。 6. 电动机外壳保护接地和接零均良好。 7. 不加罩的旋转连接部位楔子、销子不突出。 8. 设备上或附近有明显的安全操作要求	① 查评总件数： ② 抽样件数： ③ 不合格件数： ④ 不合格率： 发现的主要问题： 检查负责人： 检查日期： 年 月 日

风力发电企业安全性评价检查表（第 23 号）

主要木工机械安全性评价检查表

评　价　标　准	评　价　结　果
不符合下列条件之一者，评价为不合格： 1. 安全防护装置完好、齐全、可靠。 2. 各转动部分的防护罩齐全、完好、可靠。 3. 锯条、锯片及其他刀具无裂纹、伤痕或其他变形缺陷。 4. 电动机外壳保护接地和接零均良好。 5. 限位装置灵敏可靠。 6. 夹紧装置完好、可靠。 7. 清楚地标出主轴或刀具的旋转、运动方向。 8. 设备上或附近有明显的安全操作要求	① 查评总件数： ② 抽样件数： ③ 不合格件数： ④ 不合格率： 发现的主要问题： 检查负责人： 检查日期：　　　　年　　月　　日

风力发电企业安全性评价检查表（第 24 号）

工业锅炉安全性评价检查表

评 价 标 准	评 价 结 果
不符合下列条件之一者，评价为不合格： 1. 锅炉"三证"（登记簿、许可证、年检证）齐全。 2. 安全阀灵敏、可靠、定期校验。 3. 水位计清晰、显示正确。 4. 压力表灵敏正常、定期校验。 5. 给水泵可靠。 6. 有水质处理设施和化验仪器（炉内水垢在 1.5mm 以下）。 7. 停炉采用适当的保养方式。 8. 常压锅炉定期检查排汽管，无结垢。 9. 使用蒸汽为热源的热水锅炉（箱）、茶水炉等，参照压力容器进行评价	① 查评总件数： ② 抽样件数： ③ 不合格件数： ④ 不合格率： 发现的主要问题：

检查负责人：

检查日期：　　　　年　　月　　日

风力发电企业安全性评价检查表（第 25 号）

压力容器安全性评价检查表

评 价 标 准	评 价 结 果
不符合下列条件之一者，评价为不合格： 1. 在检验周期内使用，技术资料齐全。 2. 安全附件齐全完好，安全阀可靠，定期校验。 3. 零部件无严重锈蚀。 4. 结构设计合理，焊接工艺符合安全要求。 5. 常压容器汽源压力不超过允许限值，排汽管管径设计合理，直通大气，无阀门。 6. 以蒸汽为热源的热水锅炉（箱）、茶水炉等，参照本表进行评价	① 查评总件数： ② 抽样件数： ③ 不合格件数： ④ 不合格率： 发现的主要问题： 检查负责人： 检查日期：　　　　　年　　月　　日

风力发电企业安全性评价检查表（第 26 号）

小型空气压缩机安全性评价检查表

评　价　标　准	评　价　结　果
不符合下列条件之一者，评价为不合格： 1. 储气罐定期检验合格，有记录，在检验周期内使用。 2. 安全阀、压力表灵敏可靠，定期检验。 3. 自动装置动作可靠。 4. 防护装置牢固、完好。 5. 电动机外壳保护接地和接零均良好。 6. 运行无剧烈振动	① 查评总件数： ② 抽样件数： ③ 不合格件数： ④ 不合格率：
	发现的主要问题：
	检查负责人： 检查日期：　　　　年　　月　　日

风力发电企业安全性评价检查表（第27号）

劳动保护及个体防护用品安全性评价检查表

评　价　标　准	评　价　结　果
不符合下列条件之一者，评价为不合格： 1. 工作服应符合工种的特点，不应使用化纤面料。 2. 劳动保护及个体防护用品应由具有生产许可证的厂家生产。 　3. 按照国家、行业配备标准为从业人员配发劳动防护用品，其中检修人员从事特种作业的，应按特种作业的规定配发。 　4. 具有出厂合格证书	① 查评总件数： ② 抽样件数： ③ 不合格件数： ④ 不合格率： 发现的主要问题：
	检查负责人： 检查日期：　　　　年　　月　　日

风力发电企业安全性评价检查表（第 28 号）

安全帽安全性评价检查表

评　价　标　准	评　价　结　果
不符合下列条件之一者，评价为不合格： 1. 属于有生产许可证的厂家生产的合格产品，并经过安全技术检验，贴有安检标志。 2. 组件完好（包括帽箍、顶衬、后箍、下额带等），符合安全技术要求。 3. 帽舌伸出长度为 10～50mm，倾斜度为 30°～60°。 4. 顶部缓冲空间为 20～50mm。 5. 根据各种材质，有明确的老化、更新年限规定	① 查评总件数： ② 抽样件数： ③ 不合格件数： ④ 不合格率： 发现的主要问题：
	检查负责人： 检查日期：　　　　年　　月　　日

风力发电企业安全性评价检查表（第 29 号）

电梯安全性评价检查表

评　价　标　准	评　价　结　果
不符合下列条件之一者，评价为不合格： 1. 层门、轿厢门的机械或电气联锁装置功能正常、可靠。 2. 自动平层功能良好，不出现反向自平。 3. 层站呼唤按钮、指层灯完好，功能正常。 4. 安全防护装置功能正常。 5. 电气设备有可靠的接地（零）保护。 6. 电梯井道灯（1 个/10m）正常。 7. 载人电梯的通信设施或紧急呼救装置齐全有效。 8. 电梯间张贴在有效期内的检验合格证。 9. 电梯间须设有灭火器，通风换气装置运行正常。 10. 电梯间内应张贴安全使用规定	① 查评总件数： ② 抽样件数： ③ 不合格件数： ④ 不合格率： 发现的主要问题： 检查负责人： 检查日期：　　　　年　　月　　日

风力发电企业安全性评价检查表（第 30 号）

各类机动车辆安全性评价检查表

评 价 标 准	评 价 结 果
不符合下列条件之一者，评价为不合格： 1. 手、脚制动器调整适当，制动距离符合要求。 2. 转动装置调整适当，操作方便、灵活可靠。 3. 离合器分离彻底，结合平稳可靠，无异常响声。 4. 燃油、机油无渗漏。 5. 喇叭、灯光、雨刷和后视镜必须齐全有效；仪器、仪表信号准确，性能良好。 6. 经专业检测部门检测合格，在检测周期内使用。 7. 液化气、油罐车有防静电接地拖链，罐应有防火标志，专用槽车排气管应装在车前。 8. 吊车、斗臂车的起重机械部分符合评价检查表（第 15 号）安全要求。 9. 驾驶员人员应持有质量技术监督局下发的场内动机车辆特种作业操作证。 10. 车辆电气设备装置绝缘状态良好，工作性能正常，不存在破损、过热、漏电等现象。 11. 电瓶车的蓄电池组状态良好，不存在电极腐蚀、漏酸等现象。 12. 机动车辆应配备灭火器	① 查评总件数： ② 抽样件数： ③ 不合格件数： ④ 不合格率： 发现的主要问题： 检查负责人： 检查日期：　　　年　月　日

风力发电企业安全性评价检查表（第 31 号）

高压气瓶安全性评价检查表

评　价　标　准	评　价　结　果
不符合下列条件之一者，评价为不合格： 1. 定期检验合格，在检验周期内使用。自备气瓶的检验应经专业检测部门进行检测、检验（以检验标志为准）。 2. 无严重腐蚀或严重损伤。 3. 空瓶剩余压力不小于 0.05MPa。 4. 有明显、正确的漆色和标志，且非改漆色的其他气体气瓶。 5. 安全装置齐全。 6. 氧气瓶、乙炔气瓶、氢气瓶不能同时运输和存放。 7. 气瓶在存放和运输过程中应佩戴防护帽，防振胶圈齐全。 8. 配备开启气瓶的专用工具。 9. 乙炔气瓶使用的工具应为非含铜的防火花操作工具。 10. 各类高压气瓶均应储存在阴凉通风的专用库房，防止阳光直射，温度不超过 30℃。 11. 室内不应有取暖设施，并远离火源。 12. 各类气体应分开存放，库房内不应存放其他易燃易爆物品。 13. 氢气、乙炔库房不应存有氧化剂。 14. 氧气库房不应有还原剂、油脂、金属粉末。 15. 各类库房应符合防火、防爆等级的要求，并经过专业管理机关或部门验收合格。 16. 专用库房与其他建筑物的间距符合安全要求。 17. 氢气、乙炔气体发生火灾后应使用雾状水或二氧化碳气体灭火。 18. 对新购入的六氟化硫气体要进行抽样复检，复检不合格不准使用。六氟化硫气体应具有制造厂名称、气体净重、灌装日期、批号及质量检验单，否则不准使用。 19. 避免装有六氟化硫气体的钢瓶靠近热源或受阳光曝晒。使用过的六氟化硫气体钢瓶应关紧阀门，戴上瓶帽，防止剩余气体泄漏	① 查评总件数： ② 抽样件数： ③ 不合格件数： ④ 不合格率： 发现的主要问题： 检查负责人： 检查日期：　　　年　月　日

风力发电企业安全性评价检查表（第 32 号）

氧气、氢气、乙炔物理、化学特性之一

评 价 标 准	评 价 结 果
一、氧气 1. 无色、无味、无毒，密度相当于空气的密度。 2. 强氧化剂，活泼的助燃气体，与任何可燃气体混合得到较高温度的火焰，高速流动时可以产生静电。 3. 与有机物氧化反应，有放热现象。压缩的气态氧气与油脂、矿物油接触可能自燃。 4. 与所有可燃液体、气体构成爆炸极限很宽的爆炸性混合物。 5. 富氧状态下，燃烧火势凶猛，蔓延极快。 6. 富氧状态下，可以使人窒息。 7. 氧气浓度低于 18%时，按缺氧环境的特殊安全措施下才能工作。 二、氢气 1. 无色、无味、最轻的气体。 2. 与空气混合气体爆炸下限为 4%，上限 75.5%，点火能量为 0.019mJ。 3. 与氯气 1:1 混合在阳光下即发生爆炸。 4. 与氟混合即使在阴暗处也能发生爆炸。 三、乙炔 1. 无色、无味，工业乙炔有臭鸡蛋味，比空气轻。 2. 在空气中燃烧速度为 2.87m/s，在氧气中燃烧速度为 13.5m/s，与空气混合爆炸下限为 2.5%，上限为 82%，点火能量与氢气接近。 3. 与铜、汞、银或含有这些物质的金属盐长期接触会产生乙炔铜、乙炔银等爆炸性化合物。与氯、次氯酸盐等化合遇光或加热会燃烧和爆炸。 4. 空气中浓度超过 40%时，对人的中枢神经系统有破坏作用，严重的导致意识丧失，呼吸困难，昏迷	① 查评有关人数： ② 考问人数： ③ 不合格人数： ④ 不合格率： 发现的主要问题： 检查负责人： 检查日期：　　　年　　月　　日

风力发电企业安全性评价检查表（第 33 号）

六氟化硫物理、化学特性

评 价 标 准	评 价 结 果
1. 常温、常压下为气态，无毒、无色、无味，微溶于水、乙醇、乙醚。 2. 其密度约为空气的 5.1 倍，如室内有泄漏的气体，多积存在室内底部。若通风条件不良，可能造成工作人员窒息的事故。 3. 在充当绝缘和灭弧介质，在断路器或 GIS 分断操作过程中，在点弧作用、电晕、火花放电和局部放电、高温等因素影响下，SF_6 气体会进行分解，它的分解物遇到水分后变成腐蚀性电解质，尤其是某些高毒性分解物，如 SF_4、S_2F_2、S_2F_{10}、SOF_2、HF、SO_2，会刺激皮肤、眼睛、黏膜，如果吸入量大，还会引起头晕和肺水肿，甚至致人死亡。在密闭空间，由于空气流通缓慢，分解物在室内沉积，不易排出，对人员产生极大的危险。 4. SF_6 装置室发生 SF_6 气体泄漏，极有可能造成恶性事故。装有 SF_6 设备的配电装置和气体实验室必须保证 SF_6 气体浓度小于 1000ppm，除须装有强力通风装置外，还必须装有能报警的氧量仪和 SF_6 气体泄漏报警仪。 5. 气瓶储存于阴凉、通风的库房，远离火种、热源，库温不宜超过 30℃，应与易（可）燃物、氧化剂分开存放，切忌混储。储存区应备有泄漏应急处理设备	① 查评有关人数： ② 考问人数： ③ 不合格人数： ④ 不合格率： 发现的主要问题： 检查负责人： 检查日期：　　　　年　　月　　日

风力发电企业安全性评价检查表（第 34 号）

氨气物理、化学特性

评 价 标 准	评 价 结 果
1.无色气体，有刺激性气味，密度比空气小（0.91g/cm³）。 2. 氨极易溶于水，在常温常压下 1 体积水可溶解 700 体积的氨气。 3. 氨很容易液化，方法有在常压下冷却至 −33.5 ℃或者在常温下加压至 700～800kPa，气态的氨就变成无色液体，同时放出大量的热。液态氨汽化时要吸收大量的热，使周围的温度急剧下降，所以液氨常用作制冷剂冷剂。液态氨还会侵蚀某些塑料制品、橡胶和涂层。 4. 氨与空气混合物爆炸极限 16%～25%（最易引燃浓度为 17%），氨和空气混合物达到上述浓度范围遇明火会燃烧和爆炸，如有油类或其他可燃性物质存在，则危险性更高。 5. 与硫酸或其他强无机酸反应放热，混合物可达到沸腾。 6. 轻度吸入氨表现为咽灼痛、咳嗽、咳痰或咯血、胸闷和胸骨后疼痛等；急性吸入氨表现为呼吸道黏膜刺激和灼伤等；严重吸入中毒可出现喉头水肿、声门狭窄以及呼吸道黏膜脱落，可造成气管阻塞，引起窒息。 7. 低浓度的氨对眼和潮湿的皮肤能迅速产生刺激作用，潮湿的皮肤或眼睛接触高浓度的氨气能引起严重的化学烧伤	① 查评有关人数： ② 考问人数： ③ 不合格人数： ④ 不合格率： 发现的主要问题： 检查负责人： 检查日期：　　　　年　　月　　日

附录 B 风力发电企业安全性评价总分表

风力发电企业安全性评价总分表

序号	查评项目	标准分	应得分	实得分	得分率（%）	标准项数	查评项数	扣分项目数	重点问题数	管理问题数	设备问题数
	总分	**11 730**									
2	生产设备系统	5200									
2.1	风力发电设备及系统	1830									
2.2	电气一次设备	1570									
2.3	电气二次设备及其他	1330									
2.4	信息网络安全	470									
3	生产管理	1600									
4	劳动安全与作业环境	1730									
5	消防安全管理	800									
6	安全管理	2400									

附录 C 查评发现的问题、整改建议及分项评分结果

查评发现的问题、整改建议及分项评分结果

专业　　　评价人

序号	项目序号	存在问题	标准分	应扣分	实得分	整改建议	重点问题	管理问题	设备问题

附录 D 发电企业查评问题整改计划表

发电企业查评问题整改计划表

单位名称：_____　　　　　　　　　　　　　　　　　　_____年_____月____日

序号	项目序号	存在问题	专家整改建议	整改计划	责任部门	责任人	计划完成时间	完成情况

附录 E　发电企业查评无法整改问题统计表

发电企业查评无法整改问题统计表

单位名称：_____　　　　　　　　　　　　　　　　　　　　　_____年_____月____日

序号	专业	项目序号	存在问题	专家整改建议	无法整改原因	采取的应对措施	责任部门	责任人	备注